U0558799

战争事典
WAR STORY /090

陆战之王
世界主战坦克图解

MAIN BATTLE TANKS
OF THE WORLD

[英]斯蒂文·J.扎洛加 等　著

翁玮　译

台海出版社

北京市版权局著作权合同登记号：图字 01-2024-6603

T-80 Standard Tank
Copyright ©Osprey Publishing, 2009
T-90 Standard Tank
Copyright ©Osprey Publishing, 2018
M1A2 Abrams Main Battle Tank 1993-2018
Copyright ©Osprey Publishing, 2019
Leopard 2 Main Tank 1979-98
Copyright ©Osprey Publishing, 1998
Challenger 2 Main Battle Tank
Copyright ©Osprey Publishing, 2006
This edition of the compilation of above is published by arrangement with
Bloomsbury Publishing Plc.
Copyright in the Chinese language translation (simplified character rights only)
©2025 Chongqing Vertical Culture Communication Co., Ltd
All rights reserved.

图书在版编目（CIP）数据

陆战之王：世界主战坦克图解 /（英）斯蒂文·J.
扎洛加等著；翁玮译 . -- 北京：台海出版社，2025.
4. -- ISBN 978-7-5168-4113-6

Ⅰ. E923.1-49
中国国家版本馆 CIP 数据核字第 20255MS144 号

陆战之王：世界主战坦克图解

著　者：[英]斯蒂文·J.扎洛加 等
译　者：翁玮

责任编辑：曹任云　　　　　　　　　策划制作：纵观文化
封面设计：但佳莉

出版发行：台海出版社
地　　址：北京市东城区景山东街 20 号　　　邮政编码：100009
电　　话：010-64041652（发行、邮购）
传　　真：010-84045799（总编室）
网　　址：www.taimeng.org.cn/thcbs/default.htm
E-mail：thcbs@126.com

经　　销：全国各地新华书店
印　　刷：重庆长虹印务有限公司
本书如有破损、缺页、装订错误，请与本社联系调换

开　　本：787毫米×1092毫米　　　　　1/16
字　　数：270千　　　　　　　　　　　印　张：19
版　　次：2025年4月第1版　　　　　　印　次：2025年4月第1次印刷
书　　号：ISBN 978-7-5168-4113-6

定　　价：139.80元

版权所有　翻印必究

目　录

第三部分
M1A2"艾布拉姆斯"主战坦克
（1993—2018 年） 123

CONTENTS

T-90 标准型坦克
第一款 "俄式血统" 的坦克

第一部分

引言

T-90 坦克是苏联解体后俄罗斯联邦第一款批量生产的坦克。从后冷战时代开始后的 25 年中，T-90 成为当时生产规模最大的坦克，并被订购了约 2700 辆。

T-90 实际上脱胎于早期的 T-72 系列。20 世纪 80 年代末，苏联有三种型号的标准型坦克正在生产，分别为哈尔科夫生产的 T-64、列宁格勒生产的 T-80 和下塔吉尔生产的 T-72。这三款坦克在技术特性和火炮性能上十分接近，但由于各自配备不同型号的发动机和悬挂系统，这就增加了后勤保养工作的负担。它们的同时生产也从侧面反映出苏联国防政策在处理地区工业政治问题时力不从心。[1] 这一不幸在后来的一部俄国史著作中被称为 "对苏联军队犯下的罪行"。

在上述三款坦克中，T-72 有着 "动员坦克" 的名号，意思就是，这种坦克可以在战争爆发时以较低的成本大量生产。这一点在 T-72 的火控系统上体现得尤为明显——其火控系统比另两款同时代坦克的火控系统整整落后了一个世代。要知道，整合了先进夜视传感器和火控计算机的火控系统是现代坦克上最昂贵的部件。T-72 还是这三种坦克中唯一获准在苏联以外生产的坦克。1973 年至 1990 年，苏联生产的 T-72 坦克共计有 22096 辆。

在戈尔巴乔夫时期实施的 "充足防御"（Defense Sufficiency）战略的主导下，苏联的坦克生产量大幅减少。1980 年，苏联尚有五家坦克工厂，但到 1991 年就只剩下三家。苏联解体后，俄罗斯联邦境内仅有两家工厂还在维持生产。坦克的年产量也从 1987 年的 3254 辆骤减至 1991 年的 1000 辆，并在此之后继续迅速减少。在苏联原有的五家坦克工厂中，哈尔科夫工厂（Kharkov Plant）长期以来都被看作是苏联坦克最主要的设计和生产中心，该工厂于 1991 年一年就生产了 800 辆 T-80UD 坦克。苏联解体后，该工厂因位于乌克兰而与俄罗斯联邦断联。位于圣彼得堡的列宁格勒基洛夫工厂（Leningrad Kirov Plant），在苏联解体前的 1990 年就停止了 T-80U 坦克的生产。车里雅宾斯克拖拉机厂（Chelyabinsk Tractor Plant）在 1989 年停止了 T-72 的生产，此前共计生产了 1522 辆该型坦克。这样一来，俄罗斯联邦仅剩的那两家正常运作的坦克工厂，一家是位于下塔吉尔的乌拉尔战车工厂（Uralvagonzavod），另一家是位于西伯利亚的鄂木斯克运输机械工厂（Transmash Plant in Omsk）。其中，乌拉尔战车工厂更为重要，因为其下属的设计局和制造设施在规模上都十分庞大。冷战期间，该工厂负责设计了 T-55、T-62 和 T-72 等多款坦克。相较之下，鄂木斯克运输机械工厂不仅设计团队非常小，而且常常被视作附属工厂，负责生产其他地方设计出来的坦克。在苏联解体之际，鄂木斯克运输机械工厂仍在生产 T-80U 坦克，乌拉尔战车工厂则在生产 T-72 坦克。

1969 年至 1990 年苏联三种坦克的产量(单位:辆)			
年份	T-64	T-72	T-80	总计
1969—1972 年	1560	-	-	1560
1973	500	30	-	530
1974	600	220	-	820
1975	700	700	-	1400
1976	733	1017	30	1780
1977	875	1150	40	2065
1978	902	1200	53	2155
1979	910	1360	80	2350
1980	910	1350	160	2420
1981	910	1445	278	2633
1982	910	1421	400	2731
1983	880	1520	540	2940
1984	825	1651	670	3146
1985	633	1759	770	3162
1986	660	1745	840	3245
1987	600	1794	860	3254
1988	-	1810	1005	2815
1989	-	1148	710	1858
1990		776	630	1406
总计	13108	22096	7066	42270

1992 年，俄罗斯国防部明确表示无法同时采购这两种主战坦克，并希望专注于其中一种型号的生产，即要么生产 T-80U，要么生产 T-72。然而，这样做就意味着落选方所在城市的经济将蒙受灾难。因此，官方还是继续以小额订单的形式同时购买这两种坦克。这一年，俄罗斯军队仅采购了 20 辆坦克，其中的 5 辆是

鄂木斯克运输机械工厂生产的 T-80U，15 辆是来自下塔吉尔的 T-72。1992 年至 1993 年，鄂木斯克和下塔吉尔接到的出口订单远超过接到的本国订单，二者的坦克生产量还比较可观，但已远不及 20 世纪 80 年代的产量。这些出口订单与本国军队无关，接单只是为了使工厂不至于关停。实际上，官方也希望大量出口订单能够出现以挽救这些工厂，并消耗掉多余的产能。然而，事与愿违。当时，乌拉尔战车工厂库存的 T-72S 和 T-90 坦克，共计约 350 辆；鄂木斯克运输机械工厂存有的 T-80U，数量在 150 辆到 200 辆之间。一部分 T-80U 坦克于 1996 年被出口到塞浦路斯和韩国；T-72 坦克也陆陆续续出口了一些。由于被欠薪，乌拉尔战车工厂的工人于 1995 年 7 月举行了罢工。罢工期间，工人们夺取了几辆闲置的坦克，并将其开进城市以示抗议。

从 T-72 坦克向 T-90 坦克进化

1973 年 8 月，T-72 开始装备苏联军队。该坦克的基础设计在下塔吉尔经历了逐步的提升和优化。到 1985 年，诞生于"184 工程"的标准生产型号——T-72B 投入量产。紧接着，乌拉尔战车工厂启动"187 工程"，以设计一款全新的坦克，同时还准备启动"188 工程"，旨在对 T-72B 进行大幅现代化改进。

"187 工程"是从零开始设计的坦克，副总设计师为谢尔加楚夫（A.S.Shchelgachev）。"187 工程"在启动之初并未获得克里姆林宫的授权，主要靠的是乌拉尔战车工厂的大力倡议才得以顺利实施，并与"188 工程"共用同一笔经费。"187 工程"的车体设计得比 T-72 的大得多，可容纳体积更大的发动机。第一台和第二台样车有很多地方与"188 工程"类似，比如都搭载了 840 马力的 V-84 柴油发动机，都采用了铸造炮塔的设计。第三台和第四台样车则引入了新式的焊接炮塔技术，以及性能更为强劲的发动机（GTD-1500 燃气涡轮发动机和 1200 马力的车里雅宾斯克 A-85-2 柴油发动机），这些都为后续配置奠定了基础。第五台和第六台样车被作为未来投入量产的样车。"187 工程"装备一门当时由斯维尔德洛夫斯克（现叶卡捷琳堡）第 9 火炮兵工厂最新研发的 125 毫米 2A66 火炮。这门火炮不仅可兼容苏联当时的 125 毫米 D-81T 火炮所使用的弹药，而且由于结构上的改进，还能承受更高的膛压。2A66 火炮的研发是和一系列与之配套的新型 125 毫米弹药的开发一同进行的。当时的坦克有一个重大的局限，即自动装弹机的结构限制了尾翼稳定脱壳穿甲弹（APFSDS，又称"长杆穿甲弹"）的弹芯长度。要提升穿甲能力，就需要加长弹芯，还需要加长能够容纳这种弹药的新式自动装弹机。为此，3BM39 "安克尔"（Anker）穿甲弹被研发出来。"187 工程"的火控系统采用了与"188 工程"相同的 1A45T "额尔齐斯"（Irtysh）火控系统。"187 工程"采用了代号为"孔雀石"（Malakhit）的下一代反应装甲，同时还在车体和炮塔上使用了经过改进的复合装甲。

1986 年 6 月 19 日，苏联政府正式下令启动"188 工程"，由工程师维涅季科托夫（V.N.Venediktov）带领的乌拉尔战车工厂设计局负责设计，由当时新上任的总设计师弗拉基米尔·波特金（Vladimir Potkin）负责监督。研究计划最初的代号为"72B 升级验证工程"（OKR Sovershenstvovanie 72B），而计划的核

心是将 T-80U 坦克上的 1A45"额尔齐斯"火控系统整合到 T-72B 坦克中。此外，
"188 工程"还用上了最新的坦克防护技术，比如新一代的反应装甲。与此同时，
由于有若干迹象表明"188 工程"可能会被更先进的"187 工程"取代，工程师
莫洛德尼亚科夫（N.A.Molodnyakov）还指导了一项并行工程——开发"188 工
程"的出口版本。

*1997 年，一辆 T-90 坦克正行驶在西伯利亚军区。其炮塔侧面安装了"接触 -5"反应装甲，但车体裙板前部未
挂装甲。在和平时期的常规训练中，这样做可以更方便地对坦克的悬挂系统进行例行维护。（斯蒂文·J.扎洛加）*

　　"188 工程"最初的型号名被定为"T-72BM"，而其中的"M"意即"现代化"。
该坦克采用了新一代"接触 -5"（Kontakt-5）反应装甲。"188 工程"之于 T-72B 坦克，
最重要的改进是整合了 T-80U 坦克使用的 1A45"额尔齐斯"火控系统。这一新的

火控系统允许使用 9K119 "映射"（Refleks）导弹系统制导的 125 毫米炮射导弹，并以高达 30 千米的时速开火。该火控系统还能使用可实现空爆的新式 "安奈特"（Aynet）高爆弹。此时，火控系统会根据预设高爆弹弹道设定引爆时间，从而增强对埋伏的敌人等目标的杀伤效果。

1989 年 1 月，"188 工程" 的前四台样车正式交付以接受测试。试验中，各种技术问题被发现并得到解决。1990 年 6 月至 9 月，两台改进型号（也被称为 "T-72BU"，但不是正式编号，其中的 "U" 意即 "改进"）接受了第二轮测试，结果喜人。1991 年 3 月 27 日，苏联国防部正式建议将 "188 工程" 用于军队。接下来，"188 工程" 又接受了由军队进行的一系列实战测试。与此同时，"187 工程" 的研发工作被中止，中止的原因至今仍是国家机密。[①]

苏联的解体发生在 1991 年下半年，早于 "188 工程" 大规模投产的时间。由于经费短缺，加之 T-72 在实战中表现差劲，其国际声誉也随之一落千丈。[2] 彼时，T-72 是苏联主要的出口坦克型号。因此，在外界的压力下，"188 工程" 必须重新命名以区别于口碑下滑的 T-72。最初的计划是将型号改为 "T-88"，而这个型号名就是内部代号 "188 工程" 的缩写。1992 年 6 月 8 日，俄罗斯新任总统叶利钦访问了位于下塔吉尔的乌拉尔战车工厂。在检阅了 "188 工程" 的样车后，他起初同意将 "188 工程" 以 "T-88" 作为型号名进行量产。然而，在进一步讨论之后，"188 工程" 的型号名又被改为 "T-90"，以表明它是俄罗斯联邦自 20 世纪 90 年代成立以来打造的首款新型坦克。该型号名在 1992 年 10 月 5 日通过的俄罗斯国家法令中正式生效。该型号的出口版本名为 "T-90S"，其中的 "S" 意即 "盾"。

在原初小批量生产的 T-90 坦克中，第一辆于 1992 年 9 月 30 日完工。同年年底，13 辆 T-90 完成装配。但 "龙舌兰 -2"（Agava-2）热成像仪因产量低且成本高，出现了供不应求的情况。这导致只有两辆 T-90 装备了该热成像仪，其余的 T-90 则使用便宜的 "暴风雪 -PA"（Buran-PA）夜视仪。1994 年 3 月，指挥型 T-90K 在同一装配线上被生产出来。该型坦克加装了 R-163-50 无线电通信

① 译者注：有一种说法认为中止的原因是该项目未能竞争过 "299工程" 和 "477工程"。

系统、特制 4 米天线、导航辅助设备和 AB1-P28.5 辅助动力装置。约 5% 的俄军坦克采用了该指挥型坦克的配置。1992 年至 1994 年期间，T-90 的总产量约为 105 辆。

俄军坦克部队的衰落 *（单位：辆）								
年份	T-54	T-55	T-62	T-64	T-72	T-80	T-90	总计
1991	1593	3130	2021	3982	5092	4907	0	20725
1992	539	1266	948	1038	2293	3254	0	9338
1993	515	871	948	705	1923	3031	0	7993
1994	394	637	688	625	2144	3004	1	7493
1995	5	38	25	161	1979	3282	2	5492
1996	5	38	25	161	1948	3311	2	5490
1997	1	65	97	186	1980	3210	2	5541
* 该表数据仅显示《欧洲常备武力条约》签订时，部署在俄罗斯欧洲部分领土的坦克的情况；1991 年的数据是苏联陆军的。								

T-90 坦克技术说明

防护性能

  T-90 坦克的基础型号配备了改进过的 T-72B 的铸造炮塔。这种炮塔在前部设计了一个较大的空腔结构来容纳特殊装甲。腔体与坦克中心线成 45 度角。这种多层装甲由苏联钢铁研究所（NII Stali）设计，大体对标能够对抗 M111 类型的一体式钨合金尾翼稳定脱壳穿甲弹的 540 毫米厚的轧制均质装甲，以及能够对抗"陶"（TOW）式导弹等高爆破甲弹（HEAT）的约 630 毫米厚的轧制均质装甲。炮塔腔体内的特殊装甲在俄罗斯被称为"反射板"（Reflecting Plate），而被西方专家称为"非含能反应装甲"（NERA）。铸造炮塔正面装甲的最外层为约 120 毫米厚的铸钢装甲。这些腔体每个约 0.4 米宽、1.1 米长，内含 20 个特殊装甲模块。每个装甲模块厚 30 毫米，由一块 21 毫米厚的轧制均质装甲板、一块 6 毫米厚的橡胶片和一块 3 毫米厚的轧制均质装甲板构成。各模块用简单的间隔器，以 22 毫米的间距隔开。装甲模块后是一块 45 毫米厚的轧制均质钢板，其后是铸造炮塔的内壁，该内壁也覆盖有 80 毫米厚的铸钢装甲。正面装甲最厚处约有 750 毫米厚。与早期

T-72B 和 T-90 坦克的铸造炮塔前部都有用于容纳特殊复合装甲的空腔结构。如图所示，这种装甲由每个腔体中的 20 个装甲模块组成，而模块又由间隔器依次隔开。

的复合装甲不同，这种装甲模块富有弹性，而非由间隔器刚性固定的。当这种装甲模块受到冲击时，模块中的橡胶会压缩，然后反弹回来，从而将钢板向入射穿甲弹的弹道推回，以进一步减弱穿甲弹的穿透力。这就是俄罗斯人将采用这种设计的装甲称为"反射板"或"半主动装甲"的原因。

T-90 坦克还在炮塔外侧安装了同样由苏联钢铁研究所开发的"接触 -5"爆炸反应装甲。这款装甲也被称为"通用反应装甲"，这是因为它能减弱尾翼稳定脱壳穿甲弹和高爆破甲弹的杀伤力，而初代的"接触 -1"反应装甲仅能减弱后者的杀伤力。为此，"接触 -5"反应装甲需要使用比"接触 -1"反应装甲重 4 至 10 倍的钢板，还需要用新式 4S22 爆反药块来代替早期使用的 4S20 爆反药块。4S20 爆反药块因其设计而决定了它对小型武器等的冲击动能不敏感，而按照 4S22 爆反药块的设计，一旦尾翼稳定脱壳穿甲弹的弹头撞击到外部金属板，此时的冲击动能就

在 1997 年的阿拉伯联合酋长国国际防务展上，这辆 T-90 坦克在机动演示环节展示了"窗帘"光电干扰系统。从照片中可以看到，炮管边上的"窗帘"光电干扰系统正在工作。（斯蒂文·J. 扎洛加）

会产生足以引爆爆炸板的高速碎片。每个 4S22 爆反药块都含有约 0.3 千克重的塑料炸药，一经引爆，便可将外部钢板推向敌方炮弹的入射弹道线。"接触 -5"反应装甲的高硬度钢箱能够嵌套多个 4S22 爆反药块。单就炮塔的装甲板而言，每块都嵌套了三个 4S22 爆反药块。据苏联钢铁研究所称，"接触 -5"反应装甲在防护能力上比基础装甲高 34% 至 57%，而给整车增加的重量还不到 3 吨。20 世纪 90 年代末，美国陆军对 12 台装有特殊装甲和"接触 -5"反应装甲的 T-72 系列坦克进行了射击试验，并且发现冷战时期美国最好的动能弹——120 毫米 M829A1 贫铀尾翼稳定脱壳穿甲弹无法从正面击穿这些坦克。

　　"188 工程"的另一项创新是使用了"窗帘"（Shtora）光电干扰系统。该系统原先被用于 T-80UK 坦克，而它在 T-90 上的运用则再次表明这款坦克是从低成本型向高技术型转变的产物。这款由车里雅宾斯克的"电机"（Elektromashina）电

这是一张正在工作的、拆除了装甲保护罩的"窗帘"光电干扰系统的 TShU-1-7 红外干扰器的特写照。炮管上方的两个设备是该系统的反激光精密探测器。（斯蒂文·J. 扎洛加）

子仪器工厂下属的 SKB 设计局（SKB Rotor）设计的"窗帘"系统，旨在能够有效防御各类反坦克导弹和制导弹药。该系统最为显著的部件是位于火炮炮管两侧的一对 TShU-1-7 红外干扰器。典型的北约反坦克导弹，如"陶"式、"霍特"（HOT）和"米兰"（Milan）等导弹都使用瞄准线半自动指令（SACLOS）进行制导。这类导弹发射后，发射器上的跟踪装置能够锁定导弹尾部的红外发焰，并通过关联发焰位置与目标位置来制导导弹。"窗帘"系统利用干扰器发射的强于导弹发焰的红外光束来迷惑跟踪装置，从而破坏导弹的制导。TShU-1-7 干扰器发射的光束，仰角为 4 度，方位角为 20 度，发光强度为 20 毫坎德拉。

"窗帘"系统还能应对使用激光半主动制导的导弹或制导弹药，比如美国陆军的 155 毫米"铜斑蛇"（Copperhead）制导炮弹或早期的 AGM-114"地狱火"（Hellfire）反坦克导弹。四台激光探测器被装在炮塔周围。其中，两台灵敏型探

1997 年，鄂木斯克附近的西伯利亚军区第 242 空降队训练中心基地，一辆 T-90 坦克正在进行展示。区别于早期的 T-72B 系列坦克，早期的 T-90 坦克在火炮两侧使用了"窗帘"光电干扰系统。（斯蒂文·J. 扎洛加）

测器紧贴在炮塔正面，另两台粗略型探测器则负责侧方和后方的探测。当这些探测器开启时，它们会向坦克内部的控制单元传送数据，并在必要时自动启动 902 型"图察"（Tucha）烟幕弹发射系统。该烟幕弹系统通过炮塔两侧的六具烟幕弹发射器发射 3D17 烟幕弹。这种烟幕弹会在距坦克约 80 米的地方引爆，而其产生的烟幕能够覆盖坦克两侧各约 45 度的范围。烟幕持续的时间取决于风况，最长可达 1 小时。这种烟幕弹散发的特殊抗激光光谱烟幕可阻挡波长在 0.4—14.0 微米之间的军用激光束，而当时军用激光束的波长通常都在该范围内。据生产厂家介绍，"窗帘"的光电干扰器能让使用瞄准线半自动指令制导的导弹的命中率降低约 75%，而其烟幕系统能让激光制导弹药的命中率降低约 60%。

火力性能

T-90 坦克的火炮是一门 2A46M-1 型 125 毫米滑膛炮，内部称其为"D-81TM"。该火炮由位于叶卡捷琳堡的特种装备（Spetstekhnika）设计局开发，由附近彼尔姆的摩托维里喀（Motovilikha）火炮工厂生产。据该厂称，新的 2A46M-1 坦克炮在精度上比早期的 2A46 坦克炮提升 20% 至 25%。之后推出的 2A46M-2 坦克炮有可更换的铬质炮膛内管，目的是延长坦克炮炮管的寿命。

这种新型坦克炮最重要的几处改进之一是采用了由莫斯科机械工程研究所（NIMI）开发的新一代 125 毫米弹药——3VBM17"杧果"（Mango）尾翼稳定脱壳穿甲弹。这种穿甲弹使用了 3BM42 钨碳弹头。在 1000 米射距上、60 度着角下，该穿甲弹的穿深可达 250 毫米。[①]20 世纪 80 年代末的标准高爆破甲弹是 3VBK16，其 3BK18M 弹头采用传统的铜质锐头药罩。据称，3VBK16 的穿深可达 260 毫米。该研究所接着又推出了 3VBK17 和 3BK29 两种新式高爆破甲弹。前者采用贫铀药罩的 3BK21B 弹头，其最大穿深约 705 毫米；后者的弹头采用多重装药设计，这使得少量的首层装药在通过反应装甲后，弹头可继续穿透 350 毫米以上厚度的装甲。1990 年前后，采用 3OF26 弹头的 3VOF36 高爆杀伤榴弹出现了。

---

① 译者注：俄罗斯相关宣传手册和钢铁研究院的数据显示，在 2000 米距离上，3BM42 的穿深在 0 度着角时为 450—500 毫米，在 60 度着角时为 220—230 毫米。

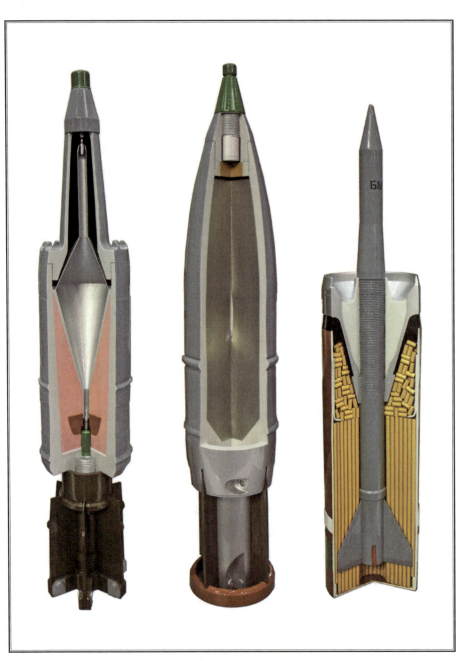

三种开发于 20 世纪 80 年代且曾被广泛出口的 125 毫米穿甲弹的弹头。从左至右分别是：3VBK16 高爆破甲弹的 3BK18M 弹头、3VOF36 高爆弹的 3OF36 弹头和 3VBM17 "杧果"尾翼稳定脱壳穿甲弹的 3BM42 弹头。如图所示，"杧果"尾翼稳定脱壳穿甲弹的弹壳内有额外的推进药。

相对于 T-72B，T-90 坦克最关键的改进是采用了此前用于 T-80U 的 1A45T "额尔齐斯" 火控系统。与多数西方坦克的集成式火控系统不同，俄罗斯的这套火控系统分为两个模块，一个是位于炮手舱门前侧的潜望式夜视仪，另一个是位于炮塔前侧的集成了 1G46 激光测距/导弹激光制导系统和 1V528-1 数字弹道计算机的 1A43 集成式瞄准仪。

与北约坦克相比，20 世纪 90 年代初的俄罗斯坦克的生产因热成像夜视仪产量不足而受到影响。由于使用到低温冷却技术和先进的焦平面阵列技术，这种夜视仪无法大规模量产，而且在生产成本上也远高于上一代图像增强夜视仪。在当时，一辆坦克一旦配备热成像夜视仪，成本动不动就要增加 25 万美元。在理想情况下，俄军本希望能给所有 T-90 坦克都配上 T-01-P02T "龙舌兰-2" 热

照片展示了 T-90 坦克的炮手控制台。位于照片右侧的是 1G46 瞄准器，可进行激光测距，位于照片左侧的是 TPN-4-49 "暴风雪-PA" 热成像夜视仪。（斯蒂文·J.扎洛加）

15

成像夜视仪，但由于上述困难，多数 T-90 仍装备搭载 TPN-4-49-23 图像增强夜视仪的 T01-K01 "暴风雪"夜视系统，并被命名为"188B 工程"，而少数搭载"龙舌兰"夜视仪的 T-90 被命名为"188B1 工程"。

新式火控系统让 T-90 能够使用 9K119 "映射"导弹系统制导的 125 毫米炮射导弹。与"映射"导弹系统 5 千米的射程相比，早期 T-72B 配备的 9K120 "芦笛"（Svir）导弹系统的射程较短，仅为 4 千米。"映射"导弹系统要与 1A45T 火控系统的组成部分——9S515 导弹控制系统结合使用。T-90 坦克的导弹弹药是 3UBK14。这种弹药由 9M119 导弹和 9Kh949 减荷发射药筒组成，外装隔离栓塞，以便弹药正确装填进坦克火炮。与其他 125 毫米弹药一样，3UBK14 也可由坦克上的标准自动装弹机装填。弹药发射后，炮弹的两组尾翼会张开，其中的一组用于保持稳定，另一组用于控制方向。9M119 导弹的弹体内装有 4.2 千克重的先进聚能装药弹头，其穿深（据称在 650—700 毫米）与弹径比约为 7 : 1。

"映射"导弹发射后，导弹尾部的一个保护后侧瞄准光窗的小盖子会脱落。在 T-90 坦克的火控系统中，激光发射器会射出"漏斗"状激光束，而导弹就在激光束的中心飞行。激光束的频率在"漏斗"状激光束周围的不同扇面上可调节，如果导弹偏离激光束中心，导弹上的制导系统可解读信号并进行飞行修正，从而使导弹返回到激光束中心。该制导系统还使用定时器来周期性地改变"漏斗"状激光束的直径，所以对导弹来说，激光束的直径几乎是恒定的。据俄方称，"映射"导弹在 5 千米距离上的命中精度达 80%。20 世纪 90 年代初，1 枚导弹的价格为 4 万美元，如此高昂的价格限制了导弹的装配，这导致平均每辆坦克仅装配 4 枚导弹。

与 T-72B 坦克的另一个区别是，T-90 坦克使用了一种改进过的 T-80 坦克的指挥塔。该指挥塔装备一挺 12.7 毫米口径 NSVT "乌特斯"（Utes）遥控机枪、PZU-7 瞄准仪和 ETs29 稳定火控系统。指挥塔的观察系统也有重大改进，采用了包含 TKN-4S（Agat-S）图像增强昼夜合一瞄准仪的 T01-K04 系统。

机动性能

T-90 坦克由 V-84MS 多种燃料柴油发动机提供动力。这种发动机是由 T-72B 坦克的 V-84-1 发动机升级而来的，但仍旧提供的是 840 马力（618 千瓦）的输出功率，尽管 T-90 坦克比 T-72B 坦克重了两吨多。为了弥补重量较重这一缺陷，T-90 使用了改进的扭杆悬挂，但这导致其在机动性方面不如 T-72B 和 T-80U。T-90 在功重比上也不及 T-80U，但其发动机比 T-80U 上的燃气涡轮发动机更加可靠，耗油也更低。

T-90 的"飞行坦克"表演已成为国际展览上一个颇受欢迎的特色项目。此照片拍摄于 1997 年 2 月，T-90 坦克正在阿布扎比（Abu Dhabi）举行的阿拉伯联合酋长国国际防务展上首次表演"飞行坦克"。（斯蒂文·J. 扎洛加）

后期发展

俄罗斯国防部原计划于 1994 年在 T-80U 和 T-90 之间选择一款作为标准型坦克，但由于不断加剧的预算赤字，这一计划被推迟。下塔吉尔和鄂木斯克的地方领导人都担心当地会因己方坦克落选而出现严重的下岗和经济问题，也频频向俄罗斯国防部施压。后来，1994 年至 1995 年发生的车臣战争使俄罗斯国防部快速做出决定。T-80 坦克因油耗高、发动机寿命短而口碑较差，早期的一些型号尤甚。T-80 在车臣战争中的失败更是使这些问题雪上加霜：在格罗兹尼（Grozniy）巷战中，T-80BV 坦克团损失惨重。

T-80 不尽如人意的表现却反衬了 T-90。首先，T-90 使用的是柴油发动机，这使其比使用昂贵的涡轮发动机的 T-80U 更为经济；其次，T-90 当时没有参加实战，自然也没有受到媒体的负面评价；最后，T-90 的新型号名也不会让人将其和在实战中遭到重大损失的 T-72 联系起来。1996 年 1 月，俄罗斯国防部装甲与机械化总局（GBTU）局长亚历山大·加尔金上将（General Aleksandr Galkin）证实，已做出逐步将 T-90 作为俄军的单一生产型坦克的决定。这一决定中的关键词是"逐步"。也就是说，尽管选择了 T-90，鄂木斯克还会继续小批量生产 T-80U（大多用于出口），以防止当地经济遭受重创。实际上，T-80U 的生产一直持续到 2001 年。

1996 年 9 月，加尔金上将把选择 T-90 的决定称为"重大失误"，并改口称自己一直认为 T-80U 更为优越。他说与敏捷的 T-80U 相比，T-90 太重且动力不足。尽管 T-90 成了标准型坦克，但在 20 世纪 90 年代后期，用于购买新坦克的经费几乎没有。而且从 1990 年至 1999 年，这十年生产的 T-90 也没有官方数据，但根据公开信息，估计有 120 辆，而且大多是集中在前五年生产的。大部分 T-90 坦克被交付给了驻扎在西伯利亚和亚洲其他地区的部队。从 1995 年开始，约有 100 辆 T-90 被配属给位于西伯利亚军区鄂木斯克附近的第 21 塔甘罗格摩托化步兵师，以及位于贝加尔军区基亚赫塔（Kyakht）附近的第 5 近卫坦克师。

20 世纪 90 年代，俄罗斯坦克的出口量急剧下降，这对其坦克工业而言无疑是雪上加霜。20 世纪 80 年代，苏联坦克的年平均出口量约为 975 辆。到 20 世纪 90 年代初，这一数量却不到原先的一半。1994 年至 1999 年，俄罗斯的坦克出口量更是减少到 125 辆，其中很多还是二手坦克。乌拉尔战车工厂拿到的出口订单屈指可数，让其几乎快揭不开锅。当时，乌拉尔战车工厂的标准型出口坦克是 T-72S（即 T-72B 的出口版本），而且还在 1992 年至 1993 年期间向中国、印度和叙利亚展示过，但都没能获得较大的出口订单。在该工厂赖以为生的为数不多的出口订单中，有一份出自 1991 年 11 月与伊朗签订的合同，该合同涉及 1000 辆 T-72S 坦克和 500 辆 BMP-2 步兵战车的购买和组装，还涉及俄罗斯帮助伊朗在洛雷斯坦省的多鲁德（Dorud in Lorestan Province）建造一个新的工厂。俄罗斯于 1993 年交付了前 100 辆 T-72S 坦克，又于 1994 年至 1996 年期间交付了 22 辆。1997 年 7 月，伊朗的多鲁德工厂开始运转，并且生产了 300 套拆装式 T-72S 坦克套件。然而，美国政府后来向俄罗斯施加外交压力，要求其停止向伊朗出售军火。根据 1995 年 5 月俄伊两国签订的协议，1991 年的合同中还未完成的订单被迫取消，这使得乌拉尔战车工厂在 20 世纪 90 年代末的低谷期又失去了 578 辆坦克的出口订单。

20 世纪 90 年代中期，乌拉尔战车工厂的坦克研发预算非常有限，工厂主要靠民用铁路的生产来维持生计。即便如此，工厂还是尝试为 T-90 坦克安装了各种新型发动机，其中包括车里雅宾斯克拖拉机厂生产的 1000 马力 V-92S 柴油发动机。"187 工程"虽然夭折，但也衍生出一些相关设计，其中之一就是焊接炮塔设计。由于防御能力的改善以及铸造厂的生产问题，适用于 T-90 的焊接炮塔于 1996 年被开发出来。这种炮塔的内部容积也得到扩充。迫使 T-90 改变设计的一个重要因素是许多向下塔吉尔供应零部件的供应商破产了。1996 年，T-90 现有的履带设计停止提供；由于缺乏订单，两家生产坦克炮炮管的工厂也面临倒闭的危险。这些客观因素导致必须为 T-90 采用的一些零部件寻找替代品。就拿履带来说，乌拉尔战车工厂研制了几款新式履带，并将其安装在 T-72 和 T-90 上进行测试。随后，季赫温的蒂特兰工厂（Titran Plant in Tikhvin）开始生产这些履带。

出口印度的"毗湿摩"坦克

由于俄罗斯本国的 T-90 订单减少，乌拉尔战车工厂最终获批，向海外出口外贸版的 T-90——T-90S。1997 年 2 月，T-90S 在阿拉伯联合酋长国国际防务展上迎来国际首秀，并引起印度参观团的注意。

当时，印度已经采购了一批 T-72 坦克，并且正依据许可将其升级为战斗改进型——"阿杰亚"（Ajeya）。1993 年，印度对 T-80U 和 T-72S 进行了测试，认为它们都无法超越"阿杰亚"。1996 年 7 月，乌克兰向巴基斯坦出售了 320 辆经过改进的 T-80UD 坦克和配套的制导弹药，这使印军愈发担忧本国与巴基斯坦之间的坦克均势。印度曾与乌克兰举行过会谈，对 T-80UD 的优势有着充分的了解。在见识过 T-90S 后，印度又与俄罗斯官员沟通了潜在的购买意向，但却对标 T-80UD 的优点，提出了一系列要求，比如新坦克必须配备功率不小于 1000 马力的发动机，必须配备热成像瞄准仪和制导弹药。

1998 年 5 月，印度政府签署了一份向俄罗斯订购 310 辆 T-90S 坦克的谅解协议书，条件是提供的样车要通过印度的测试。根据印度对发动机的要求，乌拉尔战车工厂准备的三台样车都搭载了 1000 马力的车里雅宾斯克 V-92S2 柴油发动机。其中的一台样车还配备了新式焊接炮塔。三台样车使用了不同的瞄准系统，它们分别是克拉斯诺戈尔斯克（Krasnogorsk）机械厂旗下的天顶（Zenit）设计局提供的"暴风雪 -PA"图像增强瞄准仪和"夜曲"（Noktyurn）热成像瞄准仪，以及白俄罗斯佩伦（Peleng）光电子公司的"艾莎"（ESSA）热成像瞄准仪——以法国防务承包商泰雷兹（Thales）公司的"凯瑟琳 -FC"（Catherine-FC）焦平面阵列技术为核心。1999 年 5 月，三台样车被空运到印度以接受各种测试。

由于巴基斯坦向乌克兰订购了 T-80UD 坦克配套的制导弹药，印度坚持 T-90S 坦克也要配备类似火力。于是，"映射"导弹系统的改进版本——"殷钢"（Invar）应运而生。该导弹系统包括两种弹药，一是带有云爆弹头的 9M119F，二是带有高爆破甲弹头的 9M119M。

T-90S 坦克在沙漠强化试验中出现了发动机过热的问题，但这一问题通过技术手段得到解决。针对坦克的夜间作战需求，"艾莎"热成像瞄准仪无疑是首选。2000 年春，印度国防部批准采购 310 辆 T-90S 坦克，总价约为 7 亿美元。最初，印度国会因为瞄准仪的成本问题，担心俄罗斯会将坦克单价从 210 万美元抬高到 280 万美元，而迟迟未下决心。由于这笔出口订单意义重大，时任俄罗斯总统的叶利钦于 2000 年 10 月 2 日至 5 日访问印度，并且亲自参加了谈判。最后，双方于 2001 年 1 月 15 日签订了采购合同。

T-90 可发射各类 125 毫米制导弹。照片右边的是带云爆弹头的 9M119F1 高爆弹，左侧的是 9M119M1 "殷钢 -M" 穿甲弹，二者均由科夫罗夫（Kovrov）的德格廷耶夫工厂（Degtyarëv Plant）生产。（斯蒂文 •J. 扎洛加）

　　根据合同，俄罗斯应向印度交付成品坦克 124 辆，而其余的 186 辆将以散装套件的形式送往印度的阿瓦迪重型车辆工厂（Avadi Heavy Vehicle Factory）进行组装。印军将这些采购来的 T-90S 命名为 "毗湿摩"（Bhishma）[3]，以纪念印度史诗《摩诃婆罗多》（Mahabharata）中的传奇战士。2001 年，俄罗斯向印度交付了第一批 T-90S。此批的 40 辆坦克都配备了原装铸造炮塔，而之后交付的所有坦克都采用了焊接炮塔。这84辆配备焊接炮塔的T-90S于2002年开始交付，于2003年完成交付。散装套件也相继于2002年交付40套，2003年交付126套，2004年交付20套。第一辆以散装套件自行组装的T-90S于2004年1月7日完工，而最早组装的一批T-90S坦克被派往第21（博帕尔）突击军团坦克团和第2（安巴拉）突击军团坦克团。

印度政府随后宣布计划在阿瓦迪重型车辆工厂自行生产1000辆"毗湿摩"坦克。不过，这一计划因俄印双方在技术转让方面，尤其是火炮和装甲制造方面存在分歧而被延迟。此外，"殷钢"导弹系统使用的125毫米弹药也存在问题。据印度媒体报道，一批在本地生产开始前采购的导弹不得不退还给俄罗斯。由于与俄产弹药存在小幅性能差异，印度产的125毫米弹药与火控系统的集成也出现问题。这也使生产计划变得困难重重。

自行生产计划迟迟无法启动，这引起了印度军方的不满。印度政府最终同意直接从俄罗斯加购347辆T-90S坦克，其中包括127辆成品坦克和223套散装套件。2008年，首批的19辆T-90S和5辆指挥型T-90SK完成交付。

2006年7月，印度国有兵工厂委员会（Ordnance Factories Board）宣布政府已经批准向全国工厂网络订购1000辆国产"毗湿摩"坦克，而它们的生产将以首笔订单的300辆开始。2009年8月，第一辆印度产"毗湿摩"坦克交付，这也是该国2009—2010财年预算下生产的24辆坦克之一。随后，有51辆该型坦克于2010年至2011年期间交付，50辆在2011年至2012年期间交付，剩余的所有坦克在2012年至2013年完成交付。随着首笔订单完成，2013年9月13日，国防采购委员会又向阿瓦迪重型车辆工厂订购了236辆"毗湿摩"坦克，这就使印度国产的T-90S坦克达到了536辆。印度国有兵工厂委员会下属的多家工厂都参与了"毗湿摩"坦克的生产。其中，坎普尔（Kanpur）的军械工厂生产火炮，德拉敦（Dehradun）的光电工厂（Opto-Electronics Factory）生产夜视仪，阿瓦迪发动机工厂（Avadi Engine Factory）生产发动机。"殷钢"125毫米制导弹药由印度主要的导弹制造商——巴拉特动力（Bharat Dynamics）有限公司生产。在印军需要的2.5万枚制导弹药中，从俄罗斯采购的有1万枚，其余的1.5万枚为国产的。

"188A 工程"：T-90A "弗拉基米尔"坦克

20 世纪 90 年代末，由于国防预算的问题，T-90 坦克的本国订单大幅减少，而且俄罗斯在 1999 年的国防预算只能采购一辆坦克。幸好接到对印出口 T-90S 的订单，乌拉尔战车工厂才能维持坦克研发工作，并启动了融合各种改进的 "188A 工程"（即 T-90A 坦克）。1999 年，乌拉尔战车工厂首席设计师弗拉基米尔·波特金去世。因此，T-90A 坦克在非官方场合也被称作 "弗拉基米尔"，以示纪念。

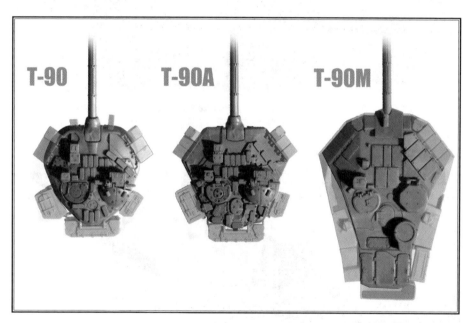

T-90 的炮塔形状发生的巨大变化要通过反应装甲和储物箱才能看清。这张计算机绘图去除了炮塔上的许多次组件，从而清晰地展示了这种变化——从 T-90 的铸造炮塔到 T-90A 的焊接炮塔，再到 T-90M 设有尾舱弹药架的扩容炮塔。

俄罗斯的新式坦克在瞄准系统上分别使用了三套方案："188BA 工程"使用的是国产的 "暴风雪 -M"，"188B1A 工程"使用的是 "龙舌兰"，而 "188B2 工程"使用的是进口的 "艾莎"。新式坦克的另一项改进是安装了新式 125 毫米炮——2A46M-5，这种火炮可减小火炮散布。2004 年，俄罗斯恢复了坦

T-90 的铸造炮塔与 T-90A 的焊接炮塔的区别仅从其侧面就可看清。在前侧的"接触 -5"反应装甲和后侧的"图察"烟幕弹发射器之间,焊接炮塔平整规则的外表面清晰可见。(斯蒂文·J. 扎洛加)

1999 年 6 月,T-90A 在西伯利亚鄂木斯克国际陆军军事技术及武器装备展上首次亮相。由于炮塔外挂有大量装甲和次组件,这就很难将 T-90A 的焊接炮塔与早期 T-90 的铸造炮塔区分开来。(斯蒂文·J. 扎洛加)

克的采购，订购了首批 T-90A 坦克。这批坦克配备了"暴风雪 -M"热成像瞄准仪，并于 2005 年 4 月 15 日正式服役。随后几年，俄罗斯政府预算得到改善。2006年，该国政府已有能力采购配备"艾莎"热成像瞄准仪的 T-90A 坦克。"艾莎"以法国防务承包商泰雷兹公司的"凯瑟琳 -FC"焦平面阵列技术为核心，是一种第二代设备。它具有比国产竞标者——"暴风雪 -M"更高的分辨率，当然其价格也更高。2012 年，在进口了"凯瑟琳 -FC"模块后，沃洛格达光机工厂（Vologodskiy optiko-mekhanicheskiy zavod）根据在俄生产许可，开始为本国自用坦克和出口坦克生产瞄准仪。

T-90A 是第一款适应网络中心战的俄产坦克。T-90A 采用的联合战术指挥控制系统（YeSU-TZ）允许在各坦克和支持单元之间进行数据和图像的数字传输，是"索兹维兹迪 -M2"（Sozvezdie-M2）研究计划的一部分，而该计划致力于俄罗斯陆军指挥和控制的数字化。R-168 系列数字无线电也被运用到联合战术指挥控制系统中。该系统由软件驱动，并被用作坦克的 PTK 数字计算机、AVSKU 通信

行驶在阿拉比诺（Alabino）试验场中的一辆 T-90A 坦克。该试验场隶属莫斯科郊外的库宾卡（Kubinka）坦克测试设施。根据俄罗斯国防部原部长谢尔盖·绍伊古在 2013 年 4 月下达的一则命令，俄军放弃了复色涂装，改用朴素的整体绿色涂装。（斯蒂文·J. 扎洛加）

系统和 14Ts821 Grot-V GLONASS/GPS 卫星导航系统之间的数字接口。2010 年，首次部署的联合战术指挥控制系统有两种型号：一种是用于主战坦克的 PTK-T-2，另一种是用于指挥型 T-90AK 坦克的 PTK-T-1。

在车辆动力方面，T-90A 坦克搭载了 1000 马力的车里雅宾斯克 V-92S2 柴油发动机，还做了许多其他改进。

2016 年 9 月，这辆 T-90A 坦克正在莫斯科郊外的库宾卡爱国者公园举办的国际防务军事展销会上进行展示。

2012 年年初，俄罗斯拥有约 490 辆 T-90 坦克，其中包括约 120 辆 T-90、25 辆装备"暴风雪-M"的 T-90A（即"188A-1 工程"）、7 辆装备"暴风雪-M"的 T-90AK、287 辆装备"艾莎"的 T-90A（即"188A-2 工程"）和 50 辆装备"艾莎"的 T-90AK。2012 年，俄军计划停止采购 T-90，一方面是因为后续型号——T-14"阿玛塔"（Armata）坦克的问世，另一方面是因为将现有的 T-72B 经过现代化改进而来的 T-72B3 坦克不仅成本较低，而且拥有接近 T-90 的性能。

T-90 坦克的其他出口销路

2006 年 3 月，俄罗斯向阿尔及利亚出口的 T-90A 坦克，型号名为"T-90SA"。2006 年至 2009 年，俄罗斯向阿尔及利亚交付的 T-90SA 和指挥型 T-90SKA，共计 185 辆。这些都是 250 辆旧式 T-72 坦克现代化改造一揽子计划的一部分。2011 年，阿尔及利亚就加购 120 辆 T-90S 坦克的问题与俄罗斯进行了商谈，并于 2015 年 2 月签下 200 辆自行组装的采购合同。

除此之外，T-90 还被出口到其他国家。土库曼斯坦于 2009 年订购 10 辆 T-90S，乌干达于 2011 年订购 44 辆，阿塞拜疆于 2014 年订购 98—100 辆。2015 年，叙利亚也开始订购 T-90 坦克。最初出口到叙利亚的 T-90 大多是采用铸造炮塔的老式型号，但后来就以 T-90A 为主了。这些坦克参与了叙利亚内战，并且服役于叙利亚第 4 机械化师以及一些民兵组织。在 2017 年一年，伊拉克订购了 73 辆 T-90S，越南订购了 64 辆 T-90S/SK，科威特预计也希望订购 146 辆 T-90MS。

T-90A 坦克初始产量（单位：辆）		2001 年	2002 年	2003 年	2004 年	2005 年	2006 年	2007 年	2008 年
T-90A	俄罗斯	-	-	-	14	17	31	25	62
T-90S	印度	40	84	-	-	-	-	-	60
T-90S	印度散装套件	-	40	126	20	-	-	-	-
T-90SA	阿尔及利亚	-	-	-	-	-	58	74	53

"188M 工程"：T-90M 坦克

作为俄罗斯联邦仅存的两家坦克工厂，下塔吉尔的乌拉尔战车工厂和鄂木斯克运输机械工厂展开了竞争。当时，鄂木斯克运输机械工厂试图争取 T-80U 的出口订单，乌拉尔战车工厂则争取出口 T-90。20 世纪 90 年代，鄂木斯克运输机械工厂扩大了设计局规模，以期提高自身竞争力，还以"640 工程"为名彻底改进了 T-80U，设计出了"黑鹰"（Black Eagle）坦克。俄罗斯国防部对鄂木斯克运输机械工厂的这一设计印象深刻，并出资支持了"纤夫"（Burlak）研究计划，旨在开发出一款可用于升级包括 T-64、T-72 和 T-80 在内的现有坦克的"通用"炮塔。乌拉尔战车工厂也不甘落后，相应地启动了"突破 -2"（Proryv-2）研究计划，开始了自己的炮塔升级工作。2009 年 12 月 8 日，普京亲临乌拉尔战车工厂，检阅了"突破"炮塔的首次展示。在俄罗斯国防部的支持下，该工厂正式启动"188M

2012 年 6 月，T-90MS 坦克在巴黎郊外举办的欧洲国际防务及军警展（Eurosatory）上首次亮相。乌拉尔战车工厂针对国际市场制订了专门的坦克出口计划。（斯蒂文·J. 扎洛加）

工程"（即装配新式炮塔的 T-90）。这些 T-90 后来被定名为"T-90M"，并且主要
销往海外，这是因为俄罗斯政府此时正在支持乌拉尔战车工厂开发一款全新的坦
克——T-14"阿玛塔"。2011 年，T-90M 迎来首次公开亮相，并一度被称为"T-90S
坦克现代化版"。近年来，这种坦克被正式命名为"T-90MS"。

　　T-90MS 坦克是 T-90 深度现代化后的产物。其焊接炮塔的核心在形状上与
T-90A 的焊接炮塔非常相似，但在后侧加装了一个带保护罩的弹药架。俄罗斯总
结了作战经验，发现 T-72 坦克频频发生弹药殉爆主要是由分散储藏在战斗舱内的
弹药，而不一定是位于车体下方自动装弹机弹仓中的弹药引起的。T-90MS 新增了
可容纳 10 发弹药的防爆弹药架，这大大降低了弹药殉爆的危险，同时为传感器和
电子设备腾出了更多空间。防爆弹药架的挡板能够在弹药起火时将弹药架与战斗
舱隔开。除了弹药架中的弹药，还有 22 发装填在经过改进的 AZ-185M2 自动装
弹机的弹仓内，8 发暂放于发动机舱舱壁上。AZ-185M2 自动装弹机采用了新设计，

*2013 年 2 月，T-90MS 在阿拉伯联合酋长国国际防务展上再次展示。这辆 T-90MS 在一些细节上和最终版本
有所不同，这表明其设计开发仍在进行中。（斯蒂文·J.扎洛加）*

可使用更长的 740 毫米尾翼稳定脱壳穿甲弹。这是一项非常重要的改进，因为早期的 AZ-185 装弹机由于设计问题，对 125 毫米尾翼稳定脱壳穿甲弹的最长长度有所限制，也影响了弹药的穿甲能力。

T-90MS 披挂了新一代"化石"（Relikt）爆炸反应装甲，这使其在炮塔外观上与 T-90A 有显著差异。"化石"爆炸反应装甲由苏联钢铁研究所开发，使用了新式的 4S23 爆炸药块。

由于采用了"卡琳娜"（Kalina）火控系统，T-90MS 在炮塔传感器阵列上和之前的各种 T-90 改型有很大不同。该火控系统还集成了自动目标跟踪和数字图像增强功能。此外，车长指挥塔的布局发生了很大改变：车长的瞄准仪和高射机枪不再安装在车长舱前侧，而是都集成到了后侧的新模块中。新模块中的瞄准仪为"鹰眼"（Sokoliniy Glaz）全景瞄准仪，自带稳定仪、日间电视、热成像通道和集成式激光测距仪。借助这款瞄准仪，车长可获得比从前更高、更宽、更完整的视野。

T-90MS 采用了苏联钢铁研究所开发的"斗篷"（Nakidka）伪装系统。该系统能减少坦克产生的热辐射。这无疑是一项十分重要的功能，因为热成像设备已成为现代坦克和导弹的火控系统的重要组成部分。（斯蒂文·J. 扎洛加）

位于瞄准器后侧的是 T05BV-1 远程操作武器站（OWS），配有一挺 7.62 毫米口径 6P7K 机枪。由于这种武器站采用了模块化设计，配备的 6P7K 机枪也可被其他武器替换，比如 12.7 毫米口径 6P50 "科尔德"（Kord）重机枪。

通过安装在炮塔外侧的四台小型数字摄像机和风传感器杆上的小型摄像机，车长和炮手能够得到炮塔周围的数字图像。与过往的设计相比，T-90MS 的车长舱舱门本身也有重大变化：老式舱门通常向前垂直打开，这就使车长在战斗环境中很难将头伸出舱门外；新式舱门则类似于美式和德式坦克的舱门，是向上打开的，车长可在头顶有掩体保护的情况下向外观察。

新型火控系统将两款瞄准仪进行了功能集成：一是在炮手舱舱门正前方装的佩伦公司产的"松树 -U"（Sosna-U）热成像全景瞄准仪，二是紧邻其前方的 1G46M 昼间瞄准仪。炮手可通过瞄准仪进行观察，但在新型火控系统的加持下，他通过单个显示面板就能看到完整的瞄准界面。

T-90MS 在设计上有多处改进，比如车长指挥塔采用了向上打开舱门的设计，这使车长在免受头顶空爆和狙击手狙击的同时向外观察。位于舱门后侧的是"鹰眼"全景瞄准仪和配备了 7.62 毫米口径机枪的新型远程操作武器站。

T-90MS 坦克配备了 2A46M-5 型 125 毫米火炮。2005 年，该型火炮首次被投入使用，并成为后续生产的所有 T-90 的标准武器。"突破 -2"研究计划也涉及新式 125 毫米弹药的开发，其中包括两款长杆穿甲弹。这两款穿甲弹分别是使用 3BM59"铅 -1"（Svinets-1）贫铀穿甲弹芯的 3BVM22 和使用 3BM60"铅 -2"（Svinets-2）碳化钨芯的 3BVM23。两者都要结合经过改进的 4Zh96"臭氧 -T"（Ozon-T）推进剂进行发射。T-90MS 还可以发射 20 世纪 90 年代 T-90 使用的"安奈特"高爆弹。由于早期的激光测距仪存在缺陷，"安奈特"高爆弹的精度无法达到预期，但"卡琳娜"火控系统在很大程度上解决了这个问题，并使系统的效率提高了一倍。由于重量较重，T-90MS 还搭载了 1130 马力的 V-92S2F 发动机。

印度是 T-90MS 坦克的首个买家，该国于 2016 年 11 月宣布计划采购 464 辆 T-90MS 坦克。而在 2006 年和 2012 年，印度阿瓦迪重型车辆工厂已与国家签订

印军曾对 T-90S 在极端沙漠高温下运行时发生电子设备性能下降的现象颇有微词。对此，乌拉尔战车工厂专门为 T-90MS 开发了驻车空调套件。在这张拍摄于 2015 年 2 月阿拉伯联合酋长国国际防务展的照片中，该空调套件被加装在 T-90MS 坦克的炮塔右侧。（斯蒂文 • J. 扎洛加）

了在本国生产共计 536 辆"毗湿摩"坦克的合同。这样，印度的坦克订单量就达到 1000 辆。在本书撰写时（2018 年），据印度媒体报道称，印军希望尽快直接从俄罗斯采购一定数量的 T-90MS，然后进行本地化生产。2017 年年初，有报道称，T-90MS 的第二个买家为科威特。

2016 年，据俄罗斯媒体报道称，俄军正在考虑采购脱胎于"突破 -3"改造研究计划的 T-90M 坦克，作为 T-14"阿玛塔"坦克的经济替代品。这款坦克在总体性能上与出口版的 T-90MS 持平，但配备了俄军特有的联合战术指挥控制系统等功能。

T-90 系列坦克定型一览表			
俄军内部型号	工程代号	出口型号	工程代号
T-90	Ob. 188B	T-90S	Ob. 188S
T-90K	Ob. 188BK	T-90SK	Ob. 188SK
T-90A	Ob. 188B	T-90SA*	Ob. 188S
T-90AK	Ob. 188B2K	T-90SKA	Ob. 188SAK
T-90M	Ob. 188M	T-90MS	Ob. 188M
* "SA" 指代的是向阿尔及利亚出口的型号。			

T-90 坦克的俄罗斯国内竞争者

T-90 坦克的开发发生在俄罗斯联邦成立之初。在那动荡的年代，T-90 的生产计划多次因俄罗斯国防预算紧缺而受阻，这也导致新坦克的订单大幅减少。在与 T-80U 的竞争中幸存下来后，T-90 在 20 世纪 90 年代后期又面临着下一代新式坦克的潜在竞争。鄂木斯克运输机械工厂曾对 T-80 坦克进行了彻底的现代化改造。然而，由此设计出的"黑鹰"坦克却因为资金问题，最终随着工厂的破产而宣告终结。因此，"黑鹰"并未对 T-90 构成实质威胁，T-90 面临的真正挑战来自乌拉尔战车工厂本厂的另一款设计——"195 工程"。

当"187 工程"被取消后，乌拉尔战车工厂在 1988 年前后接到下一代坦克——"195 工程"，被西方误称为"T-95"——的研发计划，而未来坦克的设计特点在当年一项名为"改进 -88"的研究中得到阐述。"195 工程"在结构布局上打破了常规，在车体靠前的位置设置了防护严密的"茧"式乘员舱，可使驾驶员、车长和炮手并排安坐其中。乘员舱与武器舱又通过防爆墙隔开，以增加坦克发生弹药殉爆时乘员的生还率。武器模块位于坦克的中央，而自动装弹机转盘被置于火炮下方。传感器和自卫系统被安装在炮塔上。"195 工程"的火炮是由位于叶卡捷琳堡的第 9 兵工厂研制的 152 毫米 2A83 火炮，而填装的新式弹药包括"格力福"（Grifel）尾翼稳定脱壳穿甲弹。发动机备选项包括 1500 马力的车里雅宾斯克 A-85-3"X"柴油机、1650 马力的巴尔瑙尔"X"柴油机和 1500 马力的克里莫夫燃气轮机。底盘沿用"187 工程"的设计，但每侧都增加了一个负重轮，这就使每侧的负重轮达到 7 个。苏联钢铁研究所为"195 工程"开发了装甲套件，包括"化石"爆炸反应装甲的改型。装甲套件对尾翼稳定脱壳穿甲弹的预期抗穿为 1000 毫米，对锥形装药穿甲弹的预期抗穿为 1500 毫米。此外，多种主动防御系统也经过试验。

20 世纪 90 年代，"195 工程"因预算问题而被一再推迟，直到 2001 年前后才恢复。2006 年，"195 工程"完成国家验收，并计划于 2007 年正式投产。然而，投产日期却不断被推迟。2010 年 4 月，该工程被取消。取消的原因存在很多解释，如成本过高、传感器存在技术问题等等。时至今日，该工程的神秘面纱仍未被揭开。

T-90 坦克在 21 世纪初的主要竞争对手是"195 工程"。"195 工程"有着宽大而沉重的车体,其无人炮塔配备一门 152 毫米 2A83 火炮。2010 年 4 月,该工程被取消,未能投产。(斯蒂文·J. 扎洛加)

"195 工程"被取消后不久,乌拉尔战车工厂又着手启动"148 工程",以研发 T-14 "阿玛塔"验证坦克。除了研发该新式主战坦克,乌拉尔战车工厂还负责开发可用于"149 工程"重型步兵战车和"152 工程"装甲救援车等其他类型的装甲车的通用底盘。"148 工程"脱胎于"195 工程",也在车体靠前的位置设有"茧"式乘员舱,并用防爆墙将其与武器舱隔开。这样的设计就需要搭配比过往更复杂的传感器系统,包括炮手和车长使用的热成像观瞄系统。位于圣彼得堡的列维夏武器公司(Levsha)为"148 工程"启动了新式火炮的研究计划。该公司设计出的 125 毫米 2A82-1M 火炮可发射一系列新式弹药,如"真空 -1"(Vakuum-1)尾翼稳定脱壳穿甲弹、"特尔尼克"(Telnik)空爆弹和3UBK21 "冲刺者"(Sprinter)导弹。由于自动装弹机的弹药架被加长,"真空 -1"尾翼稳定脱壳穿甲弹竟长约 1000 毫米,而 T-90M 坦克发射的穿甲弹约 760 毫米长。"阿玛塔"坦克搭载的是车里雅宾斯克 A-85-3A 柴油发动机。该坦克的装甲为传统装甲并嵌有"孔雀石"反应装甲。"阿玛塔"坦克采用的代号为"阿富汗石"(Afghanit)的主动防御系统,能够通过毫米波传感器跟踪来袭导弹,再用炮塔发射的特殊弹药对其进行攻击。T-14 "阿玛塔"坦克于 2015 年首次亮相,计划于 2016 年投入量产。

随着"阿玛塔"坦克的问世，自 2012 年始，俄军基本上停止采购 T-90A。对于是否值得用"阿玛塔"坦克替代 T-90A 坦克，还是将预算用于把 T-72B 坦克升级至 T-90A 的水平才更具性价比，这引发了一些争论。无论如何，T-90A 的生产受到新式坦克的诞生和 T-72B 现代化计划的双重挤压。

T-72B 现代化计划自 20 世纪 90 年代以来一直都在进行，这其中既有俄军自己的需求，也有出口国际市场的需要。2002 年，在"拒马"（Rogatka）研究计划下，经过深度现代化改进的 T-72B2 坦克诞生了。不过，俄军并未认可这种深度改进。另一种只进行了有限现代化改进的 T-72B 被称为"T-72B3"。T-72B3 采用了经过改进的 2A46M-5 火炮、"松树 -U"瞄准系统和数字通信系统。在成本方面，T-72B3 比"拒马"低，每辆的总价为 5200 万卢布（约 88 万美元），而且其中的 3000 万卢布被用于必要的检修。截至 2016 年，约有 600 辆 T-72B 坦克按照 T-72B3 的标准进行了升级。2016 年 9 月，乌拉尔战车工厂接到第二份按此标准升级 1000 辆 T-72B 坦克的合同。该合同还要求在此基础上进行更深度的现代化改造，而改造成的 T-72B3M 搭载了 1130 马力的 V-92S2 发动机，不过每辆坦克的成本也提高至 7900 万卢布（约 130 万美元）。

"195 工程"被废止之后启动的"148 工程"，其车体前侧设有做好严密防护措施的乘员舱和无人炮塔。2017 年 8 月，诞生于"148 工程"的 T-14"阿玛塔"坦克在库宾卡爱国者公园举行的俄罗斯国际防务军事展销会上亮相。（斯蒂文 • J. 扎洛加）

在出口市场中，T-72B 坦克相较于 T-90 坦克有着数量更多的升级套件。2013 年，在俄罗斯武器展上展示的这辆 T-72B 装备了"城市战"套件。该套件包含推土铲、反火箭弹半包围格栅装甲和反狙击装甲车长战位。（克里斯托弗·福斯）

2016 年，乌拉尔战车工厂在军方的资金援助下，将 1000 辆 T-72B 升级成了 T-72B3。照片中这辆配备新型侧面反应装甲的 T-72B3M 坦克于 2017 年 8 月在库宾卡举行的国际防务军事展销会上进行了展示。（斯蒂文·J. 扎洛加）

T-90 坦克的衍生型号

和很多其他坦克一样，T-90 坦克也以自身为基础衍生出多款特种支援战车。这类战车大多原本是作为 T-72 坦克的衍生型号而开发的，但在换用了更强大的 V-92 柴油发动机后便跻身 T-90 系列了。令人颇为费解的是，乌拉尔战车工厂选择继续出口的是 T-72 坦克的衍生型号，而非为本国提供的更为新式的 T-90 坦克的衍生型号，其实二者在本质上非常类似。

BMPT "终结者" 坦克支援战车

在对 T-72 和 T-90 的改造中，BMPT 坦克支援战车是改造得最为彻底的一个型号。这款战车的绰号源于同名电影《终结者》(*Terminator*)。作为一款新型装甲战车，BMPT 可为主战坦克提供直接火力支援。20 世纪 80 年代初，这款战车就被投入使用，并有效地解除了大量北约反坦克导弹武器带来的威胁。同时，BMPT 也一直在更新更为先进的观瞄设备和防御反坦克系统。

BMPT 坦克支援战车是在车里雅宾斯克拖拉机厂 GSKB-2 设计局总设计师瓦列里·韦尔申斯基 (V.L.Vershinskiy) 的领导下进行研制的。与此同时，导弹工业设计局启动了代号为 "抑制" (NIR Podavlenie) 的研究计划，着手研发与之配套的各种武器系统。在这些武器系统中，有部分继承自早期 BMP-3 步兵战车武器的研究成果。至少有三种武器系统被安装在经过改进的 T-72 坦克底盘上，而这些测试车辆分别为："781-1 工程"，在其高架平台式武器系统上配备 2 门 30 毫米 2A42 火炮，以及 1 具可提供强大火力的 "冲锋" (Ataka) 反坦克导弹发射器；"781-2 工程"，采用了经过改造的 T-72 的车体和 1 个小炮塔；"782 工程"，采用与 BMP-3 步兵战车类似的小型炮塔，配备 1 门 100 毫米 2A70 滑膛炮和 1 门 30 毫米 2A42 同轴自动火炮。使用更小的炮塔后，车体就可为作战人员腾出内部空间。这些战车最多可容纳 7 名乘员。当在车上作战时，4 名乘员可分别操纵车体周围的 4 具 30 毫米 AG-17 榴弹发射器。1989 年，样车研制完成并被送往切巴尔库尔 (Chebarkul) 的训练中心接受试验。根据 "框架" (Frame) 研究计划，战车底盘最终要采用和乌拉尔战车工厂当时正在开发的 "187 工程" 一样的设计。但随着冷战的结束，由于预算问题和设计局的关闭，该计划未能实行。

2000 年，在叶卡捷琳堡郊外的斯塔拉特尔（Staratel）火炮试验场举行的乌拉尔武器博览会上，BMPT 坦克支援战车的样车首次亮相。BMPT 的早期版本配备 1 门 30 毫米火炮。（斯蒂文·J. 扎洛加）

BMPT"终结者"坦克支援战车又进行了重新设计，加装了 1 门 30 毫米自动炮和先进的导弹发射器。2012 年 6 月，这台 BMPT 的出口样车在欧洲国际防务及军警展上进行了展示。（斯蒂文·J. 扎洛加）

1998 年年底，装甲与机械化总局负责人谢尔盖·亚历山德罗维奇·马耶夫（S.A.Mayev）将军倡议重启 BMPT 坦克支援战车的研发计划，部分是因为政府军在实战中蒙受了损失。在城市作战中，坦克发挥不出自身优势。尤其是，敌方狙击手可从高楼上往下发射 RPG-7 火箭筒去攻击坦克，而坦克炮却无法回击高处的敌人。即便车长用外置的 12.7 毫米口径机枪扫射高处，坦克也非常容易遭到敌人的针对性攻击。除去作战武器不利的因素，坦克在城市战中几乎犹如盲人。这是因为城市作战需要全方位的视野，而现有的坦克观瞄设备仅能提供正向视野。马耶夫将军重启 BMPT 坦克支援战车研发的倡议无疑是十分具有说服力的，因为战车的武器系统显然更适合城市作战——30 毫米火炮的仰角可接近垂直，各种榴弹发射器等武器也能够更高效地杀伤敌方人员。携带更多作战人员的设想也十分具有吸引力，这至少能提升战车观察地形和戒备敌袭的能力。

1998 年，研发计划正式启动，代号为"框架-2"。设计工作由多姆宁（V.B.Domnin）领导，他在波特金去世后接管了乌拉尔战车工厂的设计局。工厂在设计时主要尝试了两套方案：一是对现有的 T-72 坦克进行简单改装，拆除其 125 毫米火炮，改为在炮塔的两侧加装 30 毫米 2A42 自动火炮；二是为"199 工程"设计了全新的战斗舱，这种战斗舱预留了足够的内部空间来容纳更多的乘员，并加入了远程操作武器站。"199 工程"也保留了一部分老方案，比如安装了手动操纵的 30 毫米榴弹发射器。2000 年 7 月 11 日至 15 日，在叶卡捷琳堡郊外斯维尔德洛夫斯克（Sverdlovsk）的斯塔拉特尔火炮试验场举行的第二届乌拉尔武器博览会上，新研发的 BMPT 坦克支援战车首次亮相。

在新设计中，驾驶员战位的两侧各增设一个乘员位，炮塔也设有两个供炮手和车长使用的乘员位。车载武器也是种类繁多：在车体两个前角挡泥板上的装甲箱中各有 1 具 30 毫米 AG-17 榴弹发射器，由坐在车体内增设的乘员位上的乘员操纵；炮塔上的武器站配备 1 门 30 毫米 2A42 自动炮和 1 具 30 毫米 AG-17 同轴榴弹发射器；在武器站的左侧，还有一台可进行四连发的 9M133"短号"（Kornet）反坦克导弹发射器。"短号"虽是一款反坦克导弹发射器，但也兼容云爆弹药。由于功能多样，"短号"既可用来攻击敌方坦克，也可用来发射高爆弹以摧毁掩体、建筑物等城市战中需要摧毁的各种常见目标。这是在总结了惨痛的经验教训后做出的选择，因为俄军发现普通的反坦克导弹虽然打击精确度高，但在攻击躲藏在洞穴等掩体中的敌人时爆炸破坏力有限。此外，在炮塔上靠右的指挥塔处还安装了一挺 7.62 毫米口径 PKT 遥控机枪。这些武器强调的是火力支援能力，以便坦克支援战车在城市中杀伤反坦克人员。那具 30 毫米榴弹发射器就体现了这一点，为的是能够同时攻击多个目标；而 30 毫米自动炮的选用也是因为其火力破坏性强，能够穿透任何轻装甲目标。更重要的是，高架武器站使得攻击极高处的目标成为可能，比如攻击藏匿于高楼的狙击手。

在 BMPT 坦克支援战车车体的前侧方配备的 30 毫米 AG-17 自动榴弹发射器由乘员手动操纵。在这张特写照的左边，被塑料盖覆盖的榴弹发射器清晰可见。（斯蒂文·J. 扎洛加）

　　四个武器操作员席都配备了昼夜瞄准仪。炮手战位配备了具有微光图像增强功能的标准昼夜潜望观察仪。炮塔内，两处乘员席都配有集成了热成像和激光测距的独立昼夜瞄准仪。与其他俄罗斯主战坦克的设计一样，BMPT 坦克支援战车的设计允许任何一名乘员操纵车载武器，但实际情况通常是，车长先捕捉目标，再指挥炮手进攻目标。

BMPT 坦克支援战车在装甲防护方面做得比同时代其他俄罗斯主战坦克要好一些。这种战车在首上、前段裙板和炮塔前半周都披挂了"化石"爆炸反应装甲。由于车尾和车尾两侧都加装了可应对 RPG-7 火箭筒等反坦克步兵武器的格栅装甲，这种战车在尾部防护性上也优于其他主战坦克。BMPT 坦克支援战车还配备了激光告警接收器。有 3 台激光预警系统（LWR）设在炮塔上，每台可覆盖 120 度的范围。此外，共有 12 具烟幕弹发射器也设置在炮塔上。

由于 BMPT 坦克支援战车的武器系统遭到一些批评，战车的炮塔在 2002 年进行了大幅重新设计。在新设计中，两门 2A42 火炮取代了原先的那门 30 毫米自动炮，"短号"导弹也被替换为"风暴 -SM"（Shturm-SM）导弹——北约将其命名为"AT-6 '螺

考虑到城市作战的需求，BMPT"终结者"坦克支援战车采用了"半球范围防护"设计，这包含了车体后侧披挂的由苏联钢铁研究所研制的格栅装甲。（斯蒂文•J. 扎洛加）

旋'"（AT-6 Spiral）。不久，AT-6"螺旋"又被更先进的 AT-9"螺旋 -2"取代。随着时间的推移，战车的设计又做了其他改进，比如将"接触"系列反应装甲替换为更先进的"化石"反应装甲。BMPT 坦克支援战车虽说沿用了 T-72 坦克的底盘，但实际上可看作 T-90 坦克的衍生型号，搭载的也是 V-92S2 发动机。

2005 年 6 月，两台样车交付，并开始接受国家测试。2006 年 5 月，测试结束，俄罗斯国家测试委员会宣布其正式通过验收。2009 年，据俄媒报道称，BMPT 坦克支援战车已正式在陆军中服役。不过在 2010 年，新任的俄罗斯陆军司令亚历山大•波斯特尼科夫（Aleksandr N. Postnikov）将军撤销了该车的服役批准并取消了采购预算，称其不符合现代作战需求。官方曾表示将在 2010 年出资组建一支 BMPT 战车连队，但在该年年初却又说用于该车生产和改装的资金已被削减，恐无法组建连队。

2016 年，BMPT 坦克支援战车的廉价替代品——BMPT-72"终结者 -2"问世。新版本直接改装自 T-72 或 T-90 坦克且无须改造其车体，但无法像原版那样容纳更多的乘员。该车参加了 2016 年在库宾卡举行的俄罗斯国际防务军事展销会。（斯蒂文•J. 扎洛加）

尽管没能被本国军队采用，BMPT 坦克支援战车在出口市场上仍有一席之地。2010 年，哈萨克斯坦订购了 10 辆 BMPT 坦克支援战车，其中的前 3 辆已于 2011 年交付。BMPT 坦克支援战车凭借"终结者"这一响亮的绰号，在对外销售市场上也有一定的知名度。

总的来说，原版 BMPT 坦克支援战车因价格偏高而导致出口订单有限。对此，乌拉尔战车工厂开发了一款更廉价的替代品——BMPT-72"终结者 -2"。与原版 BMPT 不同，BMPT-72 完全沿用了旧式 T-72 坦克的标准车体，但用改装过的新式炮塔模块取代了原来的坦克炮塔。BMPT-72 不设车侧突出架，也不像原版 BMPT 那样可容纳较多的乘员来输出火力，一车仅容纳 3 名乘员。

TOS-1 火箭炮系统

20 世纪 70 年代，苏联陆军开始研制一款新型的高爆弹药——云爆弹，也叫燃料空气炸弹。与混合氧化剂和挥发性化学物质的传统炸药相比，云爆弹内的惰性金属粉末粒子，只有在分散到空气中并与空气充分混合成气溶胶时才能引爆。随后，弹药内的特殊雷管会引发爆炸。比起同等重量的传统炸药，云爆弹能产生更强的爆炸。这款新型弹药首次被运用于鄂木斯克运输机械工厂设计局领衔的"博罗季诺"（Buratino）项目。该设计局主要负责"634B 工程"的 RSZO 多管火箭炮发射器的设计，而位于图拉（Tula）的苏联国营科研生产联合工厂（Splav）开发了配套的 MO.1.01.04 火箭炮。苏联陆军将云爆弹归入喷火装置，因此该武器被定为"TOS-1 重型喷火系统"。

TOS-1"博罗季诺"火箭炮以 BM-1 战车为载体，而该车沿用了 T-72A 坦克的底盘。1977 年至 1982 年，TOS-1"博罗季诺"火箭炮发射车在鄂木斯克运输机械工厂设计局里雅科夫（A.A.Lyakov）的领导下进行了研制。该车将大型发射器安装在原先的坦克炮塔处，而发射器的发射箱可同时装填 30 发 220 毫米火箭炮。与其他已投入使用的多管火箭炮相比，TOS-1 火箭炮是专为在 400—3500 米的射程内提供近距离火力支援设计的，所以其载体采用了装甲战车而非装甲卡车。除了 BM-1 战车，以 KrAZ-255B 卡车为基础改装而来的 TZM 弹药补给车也可作为 TOS-1 火箭炮的载体。这组配置也通过了国家试验，并于 1980 年被苏联陆军采用。不过，搭载 TOS-1 火箭炮的 TZM 弹药补给车似乎产量不大，据一份报告称仅有 18 辆。这可能是因为该车主要被配属给辐射、化学和生物防护部队（RKhBZ）而非炮兵部队。

1999 年，在鄂木斯克展会上，这辆搭载 TOS-1"博罗季诺"火箭炮的 BM-1 战车正在展出。该车沿用了 T-72A 坦克的底盘。（斯蒂文·J. 扎洛加）

1999 年，在鄂木斯克郊外的一处基地内，这辆搭载 TOS-1"博罗季诺"火箭炮的 BM-1 战车正在进行火力演示。可以看到，30 具发射管中的 8 具填装了弹药，发射箱的前后保护盖被暂时置于发射箱顶部。（斯蒂文·J. 扎洛加）

TOS-1"博罗季诺"火箭炮发射车在阿富汗战争中进行了实战试验——由6辆 BM-1 发射车以及支援车辆组成的一支连队参加了 1988 年至 1989 年的潘杰希尔山谷（Panjshir Valley）战役。苏联解体后，剩余的 TOS-1 火箭炮于 1995年重新为俄军所用，并参加了北高加索地区的战斗，如发生在 20 世纪 90 年代末的格罗兹尼巷战。

1999 年，在鄂木斯克郊外的一次演示中，一辆 BM-1 火箭炮发射车发射了一枚 MO.1.01.04 火箭炮。该车要将 30 枚火箭炮全部发射出去，大约需要 8 秒钟。（斯蒂文 •J. 扎洛加）

　　之后，俄罗斯军方重新将目光转移到 BM-1 火箭炮发射车上。2000 年，俄罗斯辐射、化学和生物防护部队资助鄂木斯克运输机械工厂，启动了代号为"烈日"（Solntsepyok）的开发项目。BM-1 火箭炮发射车在经过重新配置后，弹容量变为 24发，而非原先的 30 发。弹药补给的载体也从卡车升级为以 T-72A 坦克底盘为基础的"563 工程"（即 TZM-T 补给车），以期更安全地接近前线并提供补给。国营科研生产联合工厂还改进了火箭炮，将其射程扩大至 6 千米。

TOS-1A"烈日"专用的 TZM-T 弹药补给车可携带 24 发火箭炮炮弹，并借助液压吊臂来填弹。该车为火箭炮重新装弹，需耗时 24 分钟。2013 年 9 月，该车的样车曾在俄罗斯武器展览会上进行了展示。（克里斯托弗·福斯）

以 BM-1 为载体的 TOS-1A"烈日"火箭炮发射车调整了发射箱的弹容量——减至 24 发，少于原先的 30 发。2016 年 9 月，该车在库宾卡举行的俄罗斯国际防务军事展销会上进行了展示。（斯蒂文·J.扎洛加）

2003 年，TOS-1A "烈日" 进入俄罗斯陆军服役。之后，该武器也被出口到其他国家。最初，有少量被出售给阿塞拜疆和哈萨克斯坦；2014 年，有一些被卖给伊拉克；2016 年，又有部分被出售到叙利亚。

2016 年 9 月，隶属俄罗斯陆军的一辆 TOS-1A "烈日" 火箭炮发射车在库宾卡附近的阿拉比诺试验场完成了射击演示。（斯蒂文·J. 扎洛加）

TOS-1A "烈日" 火箭炮发射车曾被用于分散单炮作战。2014 年 10 月 24 日，在伊拉克军向 "伊斯兰国" 恐怖组织夺回尤尔夫·萨哈尔（Jurf al-Sakhar）地区期间，TOS-1A "烈日" 火箭炮发射车被首次用于实战。2015 年 10 月，叙利亚在内战中也小规模使用了该武器。2016 年 4 月 4 日，阿塞拜疆军队与亚美尼亚在纳戈尔诺-卡拉巴赫（Nagorno-Karabakh）地区发生了小规模边境冲突，前者也使用了该武器，并且至少损失了一辆。

IMR-2M 战斗工程车

IMR-2 战斗工程车是以 T-72 坦克的底盘为基础开发的，并由乌克兰诺沃

IMR-2M 战斗工程车可执行多种任务，包括清碍和排雷任务。该车还配备带有蚌式挖斗的吊臂。在该照片中，其推土铲处于运输位置，并且被折叠在车体前部。2000 年，该车在叶卡捷琳堡郊外的斯塔拉特尔火炮试验场举行的乌拉尔武器展览会上进行了展示。(斯蒂文·J. 扎洛加)

2000 年，一辆 IMR-2M 战斗工程车在叶卡捷琳堡郊外的斯塔拉特尔火炮试验场进行了展示。其多用途蚌式挖斗可用于清障和土方作业。(斯蒂文·J. 扎洛加)

2013 年 9 月，IMR-2M 战斗工程车在俄罗斯武器展览会上进行了展示。照片中，这辆 IMR-2M 战斗工程车正处于行驶状态，其推土铲和排雷犁均折叠在车体前部。（克里斯托弗·福斯）

克拉马托斯克（Novokramatorsk）重型机械工厂负责生产。1990 年，该车总共生产了 659 辆。该车最著名的一次作业可能是它在 1986 年处理了切尔诺贝利核电站事故。1991 年，随着乌克兰脱离，俄罗斯联邦失去了该车的供应。于是，乌拉尔战车工厂对该车实施了逆向工程，以实现本地生产。1990 年，该车被定名为"IMR-2M"并在下塔吉尔正式投产。IMR-2M 配备多种工程器械，以便执行各类战斗工程任务。其中，最显眼的是可延伸至 8 米长的吊臂。该吊臂在与蚌式挖斗配合后，可吊起 2 吨重的碎片或 0.35 米厚的沙土。车体前侧的推土铲可用于清障、填沟等任务。该车配备的排雷犁能够以 5—12 千米的时速进行排雷作业，而 EhMT 电磁地雷引爆系统能够防范磁性地雷。除俄军自用外，有部分 IMR-2M 被配发给俄罗斯民用防务事务、紧急情况和消除自然灾害后果部（MChS）。1996 年，该车的改进型——扩充了载员数的 IMR-2MA 投产。此外，乌拉尔战车工厂还生产了 IMR-3M。和 IMR-2M 不同的是，IMR-3M 采用了 T-72 坦克的 V-84MS 动力包。由于一些国家仍在订购价格比 T-90 便宜的 T-72 坦克，IMR-3M 主要面向的也是出口市场。

BREM-1M 装甲救援车

　　BREM-1M 装甲救援车由早期以 T-72 坦克底盘为基础的 BREM-1 升级而来。截至 1990 年，BREM-1 总共生产了 342 辆。该车的主要出口对象是印度等国，这些国家对工程车液压吊臂的举升能力有较高要求。在举升负载方面，BREM-1 为 19 吨，而升级版的 BREM-1M 的目标是 20—25 吨。此外，BREM-1M 的修复拖离能力也从原版的 100 吨增至 140 吨。除了改用 V-92S2 发动机，BREM-1M 还将吊臂加长了 1 米，并大幅加强了液压系统。2002 年，BREM-1M 首次向出口客户进行了展示。

BREM-1M 装甲救援车是应国外客户的要求开发的。该车吊臂的额定负载更大。照片中的车辆是在库宾卡举行的 2016 年俄罗斯国际防务军事展销会上展示的 BREM-1M。

MTU-90 装甲架桥车

　　由鄂木斯克运输机械工厂研制的 MTU-90 装甲架桥车，是从 MTU-72 装甲架桥车改进而来的。MTU-90 在 1989 年至 1990 年期间仅生产了 25 台，十分罕见。MTU-90 大体上与 MTU-72 相似，不过采用了和 T-90 坦克同样的发动机。2007 年至 2009 年，鄂木斯克运输机械工厂在"履带 -3"（Gusenitsa-3）研究计划下对未来作战时的工程建设需求进行了全面考量。MTU-90 着重强调增大其桥梁载重量，以支持当时正在开发的 T-14 "阿玛塔"等新一代坦克。MTU-72 和 MTU-90 原先搭载的桥梁是两端采用折叠坡道设计的冲压铝桥，载重为 50 吨。在搭载采用"剪"式结构的新式钢质桥后，其载重也增至 60 吨。2012 年，这种车辆获得生产许可，并被命名为"MTU-90M"。

MTU-90 先于 MTU-72 服役，二者的主要区别在于发动机。照片中，这辆 MTU-72 已将车载钢质桥梁的前部和后部展开，展开后的桥梁长达 20 米。（斯蒂文·J. 扎洛加）

MTU-90M 装甲架桥车与先前的 MTU-72 和 MTU-90 的主要差别在于车载桥梁。MTU-90M 的桥梁为采用"剪"式结构的钢桥。照片中的车辆是 2016 年在库宾卡举行的俄罗斯国际防务军事展销会上展示的 MTU-90M。(斯蒂文·J.扎洛加)

BMR-3M 装甲排雷车

  BMR-3M 装甲排雷车也是从之前以 T-72 坦克底盘为基础的战斗工程车辆改装而来的，其作用是为坦克部队扫清雷区、开辟道路。KMT-7 排雷系统是 BMR-3M 装甲排雷车主要的排雷工具，由排雷滚筒和排雷耙两部分组成。该车配备了电磁装置，用于提前引爆磁性地雷。此外，该车还配备了射频干扰器，以处理遥控爆炸装置，如简易爆炸装置（IED）。1999 年，BMR-3M 进行了首次展示，但截至 2016 年，由于预算问题，俄军从未采购该车。

BRM-3M 装甲排雷车配备 KMT-7 排雷系统。该系统包括车前的排雷滚筒和车后的排雷耙。该车还配备一个载重为 2.5 吨的吊臂和一个荷载为 5 吨的工作台。2000 年，该车在叶卡捷琳堡郊外的斯塔拉特尔火炮试验场举行的国际陆军军事技术及武器装备展上展出。(斯蒂文·J. 扎洛加)

2013 年，一辆 BRM-3M 装甲排雷车在下塔吉尔附近举办的俄罗斯武器展览会上进行了展示。2017 年夏，首辆 BMR-3MA 交付俄军。(克里斯托弗·福斯)

彩图介绍

2016 年，T-90SA，隶属阿尔及利亚国家人民军
出口到阿尔及利亚的 T-90SA 坦克的涂装有所不同。在交付的该型坦克中，大多采用了俄罗斯坦克标准的三色迷彩，即深绿、灰黄以及破坏轮廓识别的黑色间隔色块。但有的也像图中所示，采用了更为简约的深绿和灰黄双色方案，不用黑色间隔色块。车体上似乎看不到战术标识。

2016 年 12 月，阿勒颇围城战，T-90K，隶属叙利亚军第 4 装甲师
2016 年交付叙利亚的 T-90 和 T-90A 坦克出自俄军库存，所以采用的是常规的深绿和灰黄相间并辅以黑色间隔色块的涂装。图中的坦克由于覆满灰尘，其黑色间隔色块难以辨认。叙军的许多 T-90 坦克在侧裙板上都喷涂了简单的战术编号，在右前侧挡泥板也有喷涂。战术编号的格式通常为"21-#"，从媒体报道的电视画面中能观察到，编号从"21-4"到"21-22"不等。

1995 年，西伯利亚鄂木斯克，T-90，隶属鄂木斯克高等坦克工程师学院

俄罗斯联邦陆军的坦克伪装涂装是由第 15 中央工程兵科学试验研究所（15-m TsNIIIV）负责设计的。20 世纪 80 年代末，苏军开始采用在工厂涂装的轮廓破坏型三色迷彩方案。该迷彩方案类似于美国陆军机动装备研究与设计司令部（MERDC）的伪装方案，颜色包括常见的深迷彩绿（编号为 KhS-5146）、灰黄色色块（编号为 sero-zheltiy KhS-5146）及黑色的"乌鸦脚印"式色块（编号为 Cherniy KhS-5146）。这些涂装方案在 20 世纪 90 年代仍然很常见，直到 2013 年 4 月才被正式废止。图中，坦克的战术标识遵循了俄军常用的三位数编号系统。通常，这些编号分别表示营、连和坦克，但该系统没有被严格应用，所以编号可能会有其他含义，比如第一位数字可以表示连，后两位数字表示坦克在营内的编号。

2015 年，莫斯科，T-90A，隶属第 2 近卫塔曼斯卡亚摩托化步兵师第 1 摩托化步兵团

2013 年 4 月 4 日，时任国防部长谢尔盖·绍伊古（Sergei Shoigu）宣布，俄军将恢复使用整体单色涂装（深绿色、浅绿色或沙地色）来取代之前的三色涂装方案。这样做一方面是为了节省涂料，一方面是因为三色迷彩方案不比其他迷彩方案更有效，比如"斗篷"多光谱伪装系统。俄罗斯坦克工厂的出厂涂装通常是深绿色迷彩。

如图所示，近年来在莫斯科红场阅兵式中亮相的车辆都带有这种独特的装饰性标识。该标识以橙色和黑色，也就是传统的圣乔治勋章绶带的颜色为基本色。苏联时期，这种勋章被废止。直到 2000 年，俄罗斯总统普京又恢复了这种勋章的颁发。

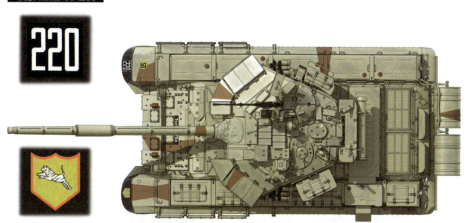

2015 年 1 月，新德里，共和国日阅兵式，T-90S "毗湿摩"，隶属印度第 31 装甲师

印度阿瓦迪重型车辆工厂生产的 T-90S "毗湿摩" 坦克在交付时的标准涂装是整体沙地色。这种涂装方案与印度当地的环境相适应。印度一部分部队保留了这种方案，而其他部队改用了适应于热带地区的涂装。以詹西（Jhansi）为基地的第 31 装甲师隶属印度南方司令部，该师倾向于使用沙地色涂装。图中这辆坦克的车体两侧有小块的棕色轮廓破坏色块。

印军的战术标识仍然深受二战时期英国的影响。图中，车体左前侧挡泥板上的黄盾白虎图案是该师的师徽；右前侧挡泥板上有团的服役标号，而该师下属的第 83、第 12、第 13、第 15 和第 19 这五个装甲团就依次以 220—224 的数字来表示。在服役标号上面，黄色圆形标记内的黑色数字表示该坦克可通过承重在 50 吨以上的桥梁。坦克的注册号标在细长的黑色条状标识牌上。注册号中，开头的上箭头符号是印军军用车辆的符号，之后的两个数字代表采购年份（图中为 "10"，表明坦克采购于 2010 年），其后则为一个基础字母、坦克编号和一个字母后缀。

2010 年 10 月，巴比纳兵站，T-90S "毗湿摩"，隶属印度第 31 装甲师
这辆隶属印度第 31 装甲师的"毗湿摩"坦克参加了在巴比纳举行的一场活动。该坦克的涂装以普通的沙地色为基础色，并辅以深绿色和中棕色的轮廓破坏色块。

2013 年，马哈拉施特拉地区，T-90S "毗湿摩"，隶属印度陆军南方司令部
一部分"毗湿摩"坦克为适应热带地区，改用了颜色鲜艳的涂装。图中这辆"毗湿摩"采用了深绿色和铬黄色相间的轮廓破坏色块。

2014 年 10 月，土库曼斯坦，T-90S，隶属阿什哈巴德土库曼斯坦装甲旅

2014 年，土库曼斯坦的 T-90S 坦克在庆祝独立 25 周年阅兵式上首次亮相。其涂装由苏联三色方案演变而来，但以适应沙漠环境的沙地色为基础，辅以中棕色和暗棕色轮廓破坏色块。因为参加阅兵式，图中的坦克在车身上涂了由国旗和军徽图案组成的军旗标志。

2013 年 6 月，巴库，T-90SA，隶属阿塞拜疆陆军

2013 年 6 月 26 日，T-90 型坦克在巴库（Baku）举行的纪念阿塞拜疆武装部队成立 95 周年阅兵式上接受了检阅。这些坦克的涂装由沙地色、墨绿色和中棕色三种主要颜色组成，还带有黑色轮廓破坏色块。车身上没有明显的战术标识。

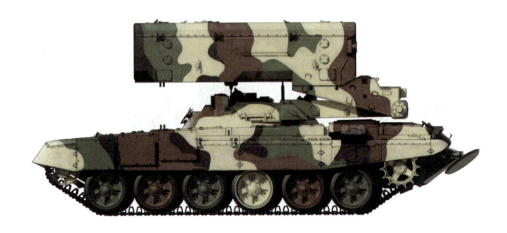

2013年6月，巴库，以 BM-1 为载体的 TOS-1A 火箭炮发射车，隶属阿塞拜疆陆军

2013年6月26日，这辆 TOS-1A 火箭炮发射车参加了阿塞拜疆武装部队成立 95 周年阅兵式。其车体涂装和 T-90A 坦克的相同，主要由沙地色、深绿色和中棕色三种颜色组成，搭配黑色间隔色块。车体上没有明显的战术标识。

2016年，摩苏尔围城战期间，以 BM-1 为载体的 TOS-1A 火箭炮发射车，隶属伊拉克陆军

伊拉克在摩苏尔围城战爆发前购得该车，并在战役中将其投入使用。该车车体采用的是俄坦的灰黄色涂装，辅以深绿色、橙色和沙色色块。

延伸阅读

尽管有大量 T-90 坦克的俄文资料，但相关英文出版物少之又少。除下列书目外，本部分的参考资料主要来自俄罗斯国防媒体，特别是《技术与武器》（*Tekhnika i Vooruzhenie*）杂志上发表的文章。此外，本部分还参考了从 20 世纪 90 年代初以来各类国际军火展广告册的内容。

Baranov, I. N., (ed.), *Glavniy konstruktor Vladimir Potkin: Tankoviy proryv*, Uralvagonzavod (2013).

Ustyantsev, S., and D. Kolmakov, *T-72/T-90: Opyt sozdaniya otechestvennykh osnovnikh boyevikh tankov*, Uralvagonzavod (2013).

注释

1　20 世纪 80 年代苏联坦克工业面临的复杂政治局面在本书之前的一些书籍中有着更为详细的描述，例如斯蒂文 •J. 扎洛加所著的《T-64 主战坦克：冷战中最神秘的坦克》(*T-64 Battle Tank: The Cold War's Most Secret Tank*，鱼鹰社新先锋系列第 223 号，2015 年）和《T-80 标准型坦克：苏联的终极装甲利器》(*T-80 Standard Tank: The Soviet Army's Last Armored Champion*，鱼鹰社新先锋系列第 152 号，2009 年）。

2　T-72 坦克在实战中的糟糕表现详见斯蒂文 •J. 扎洛加写的《M1 "艾布拉姆斯" 对决 T-72 "乌拉尔"：1991 年 "沙漠风暴行动"》(*M1 Abrams vs T-72 Ural: Operation Desert Storm 1991*，鱼鹰社决斗系列第 18 号，2009 年）。

3　英文也写作 "Bishma" 或 "Beeshma"。

T-80 标准型坦克
苏联的终极装甲利器

第二部分

引言

　　研发 T-80 坦克的初衷是要将其作为苏联的终极主战坦克。T-80 坦克与美国 M1 "艾布拉姆斯"（M1 Abrams）坦克、英国 "挑战者"（Challenger）坦克和德国 "豹 2"（Leopard 2）坦克等新一代坦克差不多同时问世。T-80 并非全新设计的，而是在 T-64A 坦克的基础上改造而来的。结果，T-80 只在性能上稍稍超越 T-64A 和 T-72，而且因其搭载高功耗燃气涡轮发动机而大幅抬高了造价，这使其发展陷入困境。1991 年苏联解体后，留在俄罗斯联邦境内的坦克工厂为赢得新军队的标准型坦克的生产合同展开了激烈的竞争，而 T-90 坦克在这场角逐中胜出。不过，T-80 坦克在乌克兰有着更好的作战表现，而由此改进而来的 T-84 坦克也随即投入本地化生产。有人试图将 T-80 坦克的发展引向新的方向，这些尝试包括神秘的 "莫洛特"（Molot）计划①和最近的 "黑鹰" 计划。T-80 坦克的多种改进版很可能在未来几十年内成为俄罗斯和乌克兰军队的装甲骨干。

---

①译者注："莫洛特"计划指的是苏联时期哈尔科夫的第四代坦克计划——"477工程"。

起源

苏联在冷战期间设计出的第一款全新坦克是 T-64，为的是取代 1944 年至 1945 年期间设计的 T-54 坦克。T-64 为 20 世纪 60 年代到 20 世纪末的苏联坦克模式奠定了基础。T-64 出自哈尔科夫马列雪夫（Malyshev）坦克工厂（以下简称哈尔科夫工厂）设计局负责人亚历山大·莫洛佐夫（Aleksandr Morozov）的手笔。自 20 世纪 30 年代以来，该设计局一直承担着苏联大多数中型坦克（如 T-34、T-44 和 T-54）的设计，并于 1953 年启动了新一代坦克研发计划。

T-64 是"430 工程"的产物。"430 工程"旨在设计一款全新的坦克，这种坦克要在火力、装甲防护和机动性方面都优于当时的 T-54 系列，而在重量和尺寸上又要与后者保持在同一级别。这一目标的实现要归功于坦克搭载的全新的"夏洛姆斯基"（Charomskiy）5TD 柴油发动机，该发动机的对置活塞设计使其能以较小的体积获得最大的功率。在该坦克的设计中，装甲系统也得到大幅改进，包括首次尝试应用复合装甲。为了保持小尺寸的车体，乘员被减至 3 人，而装填手的工作就由机械自动装弹机取代了。"430 工程"还采用了一款非常轻的钢制负重轮。这种负重轮为内挂胶负重轮，没有使用传统的橡胶轮辋。

1959 年，"430 工程"的第一批样车接受了测试，但苏联陆军对其 100 毫米 D-54TS 火炮的火力颇感担心，因为相较于 T-54 或 T-55 的 D-10T 火炮以及如英国 105 毫米 L7 火炮等北约新式武器，D-54TS 火炮并不占优。为此，在"430 工程"的基础上诞生的"432 工程"换上了新式 115 毫米 D-68 火炮，并于 1963 年 10 月以"T-64"之名在哈尔科夫工厂投产。1969 年，T-64 坦克生产了约 1190 辆。

随着 T-64 坦克的投产，北约在研制更强大的坦克用武器上显然也未曾停歇，比如英国"酋长"（Chieftain）坦克就使用了 120 毫米火炮。在竞争对手的刺激下，苏联主要的火炮设计中心——位于彼尔姆的莫托维利卡 172 号工厂（Motovilika No.172）OKB-9 设计局在首席设计师彼得罗夫（F.F.Petrov）的领衔下研制出 125 毫米 D-81T"刺剑-3"（Rapira-3）火炮。这种火炮后来成为 20 世纪苏联坦克的主要武器。1968 年 5 月，安装这门 125 毫米火炮的"434 工程"被批准以"T-64A"之名投产。

T-64A 在当时是一款意义非凡的坦克。尽管战斗全重仅 37 吨，T-64A 在火力和装甲方面却可与北约坦克相媲美，如重 47 吨的美国 M60A1 坦克。T-64A 轻盈的重量是通过最大限度地限制车体尺寸来实现的，这导致其内部空间（11.5 立方米）比 M60A1 坦克的（18.4 立方米）小得多。这种空间的节省在其发动机舱处体现得尤其明显。T-64 坦克的发动机舱仅有约 3 立方米，而 M60A1 坦克的发动机舱为 7.2 立方米。要将大功率发动机压缩到如此小的地步，这无疑是一项重大挑战，而且最后也未取得圆满成功——5TD 柴油发动机在 T-64 上的实际表现欠佳，其平均故障间隔时间非常短，甚至有 1970 年的数据显示其平均故障间隔时间仅为 300 小时。

哈尔科夫生产的 T-64 坦克为 20 世纪 70 年代至 20 世纪 80 年代苏联坦克的发展奠定了基础。照片中的这辆"432 工程"配备了 115 毫米 D-68 火炮。

苏联陆军起初计划让乌拉尔战车工厂停止生产 T-62 坦克，转而生产 T-64A 坦克，但该工厂的设计局独立设计出了 T-62 坦克的替代方案，即 T-72。这种坦克最初被作为 T-64 的"动员"版。换句话说，T-72 在战争爆发时可凭借其低廉的造价进行大规模生产。T-72 坦克基本上沿用了 T-64A 的车体和炮塔，但在发动机上采用了更为保守的设计，搭载的是由 T-34、T-54 和 T-62 使用的发动机改进而来的柴油发动机。这款体积更大的发动机使 T-72 的发动机舱的容积增至 3.2 立方米，但也相应地增加了 80 马力的输出功率。测试发现，新式悬挂系统产生的额外动荷载会过早地导致故障，因此 T-72 最后还是用回了传统的悬挂系统。1974 年，乌拉尔战车工厂开始批量生产 T-72 坦克，而非 T-64A。

20 世纪 80 年代的新式中型坦克

1971 年，苏联着手研究新式坦克，意欲到 1981 年用其全面取代 T-64 和 T-72 系列。针对这一被简称为 "NST"（Noviy Sredniy Tank，意即 "新式中型坦克"）的计划，列宁格勒工厂设计局启动了搭载涡轮发动机的 "225 工程" 和搭载柴油发动机的 "226 工程"，而车里雅宾斯克拖拉机厂设计局启动了 "780 工程"。前者采用传统炮塔，后者的炮塔采用 "驾驶员在炮塔中" 的布局，但都搭配了新型复合装甲，火炮采用的是彼尔姆莫托维利卡 172 号工厂开发的新型 D-85 火炮（一开始并未确定该火炮是采取 130 毫米线膛炮的制式、122 毫米线膛炮的制式，还是 125 毫米滑

由莫洛佐夫领衔设计的 T-74 坦克原是有望取代 T-64 的新一代坦克之一。T-74 采用了顶置炮塔和外置机炮设计，如图中的模型所示。

膛炮的制式）。哈尔科夫工厂设计局相对较晚地启动了"450 工程"，即 T-74 坦克。在上述几个设计方案中，T-74 的设计最为激进——顶置炮塔安装于乘员舱后的中部位置。之后的数年中，三家设计局都在改进自家的设计。最后，列宁格勒工厂设计局的设计发展为"258 工程"，车里雅宾斯克拖拉机工厂设计局的发展为"785 工程"，而哈尔科夫工厂设计局将经过修改的"480 工程"合并到了"450 工程"中。在三家设计局中，只有哈尔科夫工厂设计局始终对其设计保持热情。列宁格勒工厂设计局逐渐将研发重心转向 T-64 坦克的涡轮动力衍生型号，而车里雅宾斯克拖拉机厂设计局由于高层人事变动而逐渐脱离坦克研发业务。尽管业界十分期待 T-74坦克问世，但军方却因 T-64 坦克之前的惨败而对出自同厂的新式坦克持怀疑态度，而总设计师莫洛佐夫当时年事已高且临近退休。

发动机的选择

20 世纪 50 年代中期，使用燃气涡轮发动机为坦克提供动力的设想开始引起人们的关注。这种发动机是一种喷气发动机，但不依靠废气推进，而是通过传动装置将能量转换为旋转做功。燃气涡轮发动机在直升机领域的成功应用，使得军方希望将其也应用在坦克上。燃气涡轮发动机的主要优点在于它可凭借小而轻的机身取得非常大的输出功率。

苏联早在 1956 年就开始研究燃气涡轮动力坦克，但 20 世纪 60 年代初进行的几次不太成功的试验却引发了广泛的质疑。这是因为燃气涡轮发动机虽然可使坦克获得出色的行驶速度，但要消耗相当多的燃油。燃气涡轮发动机的油耗为240 千克 / 小时，相较之下，柴油发动机的油耗仅为 83 千克 / 小时。另一个非常明显的问题是，坦克所在的地面环境远不如直升机所在的高空，而且当时的空气过滤系统不足以使燃气涡轮发动机免受恶劣环境的侵蚀。比起传统罐式柴油机，燃气涡轮发动机在运行过程中要吸入更多的空气，而空气中的灰尘可能会导致零件严重腐蚀或其他损坏。

1960 年，苏联领袖赫鲁晓夫下令结束重型坦克项目，他认为重型坦克在反坦克导弹时代"没有前途"。结果，列宁格勒基洛夫工厂（Leningradskiy Kirovskiy Zavod）和车里雅宾斯克坦克工厂的许多人力和工业资源从开发重型坦克的任务中解放出来，而这些资源又最终形成了以列宁格勒为中心的苏联燃气涡轮坦克计划的核心力量。二战时期，曾在车里雅宾斯克坦克工厂负责苏联重型坦克设计的朱瑟夫·科京（Zhozef Kotin）将军就被调任为全俄运输科学研究所（VNII Transmash）的负责人，而该研究所也被称为"苏联第100号研究所"，是列宁格勒坦克工业的主要研究机构。

在 T–80 坦克之前存在许多其他实验性涡轮动力坦克。乌拉尔战车工厂的"166TM 工程"就是一例，它曾用 GTD–3T 直升机发动机来提供动力。

列宁格勒基洛夫工厂及其附属的 KB-3 设计局在首席设计师波波夫（N.S.Popov）的领导下，奉命准备生产 T-64 坦克。和乌拉尔战车工厂一样，出于对可靠性的考虑，他们不愿使用有问题的 5TD 柴油发动机，转而尝试在 T-64 坦克中使用燃气涡轮发动机。1967 年，列宁格勒克里莫夫研究生产协会下的由伊佐托夫（S.P.Izotov）领导的设计局被指定研发一种针对坦克使用的燃气涡轮发动机，而这项任务对整个进程起到了关键的推动作用。赫鲁晓夫下台后，列宁格勒的坦克研发的复兴也得到政治方面的大力支持，因为新上台的勃列日涅夫政府中颇具影响力的政治家之一就是代表列宁格勒地区的罗曼诺夫（G. V. Romanov）。1968 年 4 月 16 日，研发计划通过政府法令正式启动。

伊佐托夫从一开始就决定，适用于坦克的燃气涡轮发动机应该从头设计，而不能像过去那样直接照搬直升机发动机的设计，因为坦克既要在崎岖的地面上和恶劣的环境中行驶，还要经受炮火的攻击，这就使其需要承受更大的冲击荷载。此外，苏联陆军希望坦克发动机设计能够实现"整体化"，即将发动机本体、空气过滤系统、变速箱、压缩机、油泵等配件整合起来，以便整装整卸。1969 年 5 月，在此构想下研制出的新式 GTD-1000T 发动机被成功装入坦克，后于 1970 年在卡卢加（Kaluga）的发动机厂开始工业化生产。

"219 工程"

第一台 GTD-1000T 涡轮发动机在经过改造的 T-64 坦克上进行了试验，而这就是 "219.1 工程"，也被称为 "雷雨"（Groza）。在早期试验中，伊佐托夫发现行走机构严重限制了燃气涡轮发动机的功率输出，这是因为坦克在高速行驶时其金属负重轮和履带会产生剧烈的振动。这一问题促成对了对新式悬挂系统的研制，但 "219 工程" 终究没能像其竞争对手 T-72 坦克那样将悬挂系统标准化。1968 年至 1971 年，伊佐托夫尝试了各种悬挂和子部件的组合，并且共制造了 60 款试验车。1971 年，配备了新式悬挂的 "219.2 工程" 顺利完工。另外，发动机工作时进尘过多的问题也通过采用橡胶履带侧裙板和改进发动机过滤系统得到解决。总体而言，1973 年进行的部队试验表明燃气涡轮发动机在提高坦克机动性方面的确具有潜力，但尚未达到 500 小时使用寿命的设计目标。而在 1972 年生产的 27 台发动机中，也仅有 19 台才达到 300 小时的使用寿命。1974 年至 1975 年，在伏尔加军区进行的营规模部队试验证实了燃气涡轮发动机不仅油耗非常高，可靠性也令人失望。为满足 450 千米的基本行程要求，搭载涡轮发动机的坦克需要大型外挂油桶来补充油料。即使是最后的 "219.8 工程"，其油耗仍然比原版 T-64A 坦克的油耗高 1.6 倍至 1.8 倍。由于 T-64A 和 T-72 项目的问题，苏联坦克工业已不足以支撑新式坦克的生产计划；加之 1973 年埃及和叙利亚在第四次中东战争中损失了巨量坦克，苏联也将重心转移到 T-55 和 T-62 坦克的出口上。1975 年 11 月，苏联国防部长安德烈·格列奇科（Andrei Grechko）元帅否决了 "219 工程" 的投产计划，理由是其油耗是 T-64A 坦克的两倍，而且其火力和装甲也没有加强。

1976 年 4 月，格列奇科元帅去世，德米特里·乌斯蒂诺夫（Dmitriy Ustinov）成为苏联国防部长，"219 工程"也幸免以败局收场。苏联国防部长一职曾是军事指挥官的"专利"，而乌斯蒂诺夫原本是自二战以来苏联国防工业的负责人，因此他的就任打破了苏联这一传统。从 20 世纪 60 年代中期开始，乌斯蒂诺夫一直积极倡导将燃气涡轮发动机运用于坦克，而"219 工程"是他最中意的几个项目之一。正因如此，1976 年 8 月 6 日，"219 工程"，即 T-80 坦克突然被批准投产。过往试验中发现的很多问题曾被搁置一旁，而在批量生产过程中一一得到解决。官方要求列宁格勒基洛夫工厂停止生产 T-64A，转而生产 T-80。鄂木斯克第 13 工厂原先也有以 T-72 代替 T-55 的生产计划，但最后也被要求生产 T-80 坦克。根据乌斯蒂诺夫的计划，哈尔科夫工厂最后也要将生产从 T-64 转向 T-80。乌斯蒂诺夫不喜欢低成本的 T-72 坦克，但他也认识到有必要用价廉的新式坦克来取代 T-54 之类的旧式坦克，并将其作为新一代"动员"坦克以应对战争的突然爆发。乌斯蒂诺夫也坚持，创新研究（如新型火控系统的研究）要优先满足 T-80 而非 T-72 的需要。在 1976 年这一系列生产调整决定和同年 5 月莫洛佐夫退休的影响下，T-74 "新式中型坦克"计划被废弃，T-80 迎来了春天。

初始批次的 T-80 坦克产量相当少，大概只有 130 辆。这个批次的坦克可以通过位于炮塔右侧的 TPD-2-49 光学测距仪的突出部分来辨别，如这张照片所示，该测距仪位于战术编号的上方。这些坦克与后来的衍生型号还有许多其他细节上的区别，比如负重轮上带有轮缘。

T-80 坦克采用了与老式 T-64A 坦克完全相同的炮塔和光学测距仪，因此二者的火力相差无几。但每辆 T-80 的造价却贵得离谱，高达 48 万卢布，而 T-64A 的造价仅为 14.3 万卢布。1976 年，T-64 坦克的改型——T-64B 问世。T-64B 因配备集成了激光测距仪的新式火控系统和"眼镜蛇"（Kobra）导弹而在炮塔和火控系统方面超越了 T-80。这导致 T-80 的生产非常短暂，列宁格勒基洛夫工厂仅在 1976 年至 1978 年对该型坦克进行了生产。根据 1990 年 11 月签订《欧洲常备武力条约》（*Conventional Forces in Europe Treaty*）时进行的统计，乌拉尔山脉以西仅存 112 辆 T-80，由此推测其总产量可能不到 200 辆。

T-80B 坦克

由于乌斯蒂诺夫打算让苏联所有坦克工厂都参与到 T-80 坦克的生产中来，就必须设法将 T-80 的火控系统提升至 T-64B 的水平。由于各工厂之间的竞争关系，列宁格勒基洛夫工厂在 T-80 的设计中融入了 T-64B 的一些先进功能，而没有简单地照搬哈尔科夫的炮塔设计。

这是 T-80B 坦克（北约代号为 SMT1983/1）第一张广为流传的照片。经查证，这辆 T-80B 隶属第 11 师第 40 近卫坦克团，照片由法国军事联络使命团的一名成员于 1984 年 12 月在德国柯尼希斯布吕克永久禁区（Königsbrück PMA）附近拍摄。

"眼镜蛇"导弹是苏联第一款服役的炮射反坦克导弹。时任苏联最高领袖的赫鲁晓夫对导弹十分痴迷，他坚信导弹坦克才是坦克未来的发展方向。1960 年，导弹坦克的开发工作启动了。第一代导弹坦克装备了常规的反坦克导弹，但因坦克的装弹量远少于标准装弹量而遭到许多设计者的质疑，这代导弹坦克宣告失败。1968 年 5 月 20 日，各厂开始研发第二代导弹坦克，以期将其作为新型 125 毫米 D-81T"刺剑 -3"火炮的补充并扩大坦克的打击范围。

T-80B 搭载 GTD-1000TF 燃气涡轮发动机。这张圣彼得堡的展示车照片展示了其独特的发动机排气口，位于炮塔后部的大型管状结构是"布罗德"（Brod）潜渡系统的一部分，该系统允许坦克潜渡过河。（斯蒂文·J. 扎洛加）

T-80B 是 T-80 的第一种改型。二者可从外观上区分，T-80B 的车长指挥塔前可以看到"眼镜蛇"导弹系统使用的 GTN-12 矩形天线。照片中的坦克为存放于圣彼得堡中央炮兵和工程博物馆的 T-80B。（斯蒂文·J. 扎洛加）

当 T-80B 装填"眼镜蛇"导弹时，导弹弹体将被分成两段装填进装弹机。编号为 9M43 的前段和编号为 9B447 的后段在 125 毫米火炮内上膛时会通过接口组合在一起。（斯蒂文·J. 扎洛加）

9M112M"眼镜蛇"导弹是苏联第一款广泛部署的炮射导弹。照片中展示的是导弹弹体的待发射形态——弹体的前后两部分完成了组合。（斯蒂文·J. 扎洛加）

　　位于莫斯科的精密工程设计局（KB Tochmash）在努德尔曼（A.E.Nudelman）的带领下研制了"眼镜蛇"无线电指令制导导弹，位于科洛姆纳（Kolomna）的工业设计局（Konstruktorskoye Biuro Mashinostroeniya）则在涅波别迪米（S.P.Nepobidimy）的带领下研制了"毒蛇"（Gyurza）红外制导导弹。

　　事实证明，"毒蛇"导弹凭借当时的科学技术是难以实现的。于是，该导弹的研发计划于1971年1月被取消，而攻坚重点就集中在了"眼镜蛇"导弹上。1971年2月，"眼镜蛇"导弹在经过改造的T-64A坦克上进行了首次发射试验。1976年，研制成功的9K112"眼镜蛇"导弹成为新型T-64B坦克的炮射武器。9M112"眼镜蛇"导弹弹体由两段组成，并且会被分别装填进"科尔日纳"（Korzhina）转盘式自动装弹机的相应位置。其中，弹体的前段包括弹头和巡航发动机，后段包括飞行制导组件和9D129发射药筒。当装填进自动装弹机时，弹体的前后段会通过接口组合在一起。"眼镜蛇"导弹对坦克的最大攻击射程为4千米；在特殊发射模式下，对直升机的最大攻击射程约5千米。导弹制导通过双通道无线指令链路实现，而GTN-12天线被置于炮塔顶部右前角的装甲箱内。

由于这种导弹的成本十分高昂，每辆坦克分配到的导弹屈指可数，战时通常也仅有 4 发。1975 年，每发"眼镜蛇"导弹的价格为 5000 卢布，而当时主流的坦克柴油发动机也不过约 9000 卢布。20 世纪 90 年代，"眼镜蛇"导弹系统的发射弹药升级为 9M128"阿戈纳"（Agona）。凭借经过改进的弹头，这种导弹的穿深在 600—650 毫米。

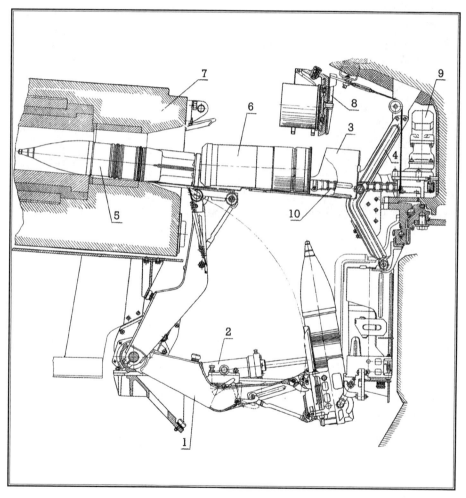

本图为 T-80B 内的"科尔日纳"自动装弹机示意图：1.装弹臂；2.液压机构；3.冲击夯；4.右侧撑杆；5.弹头；6.发射装药；7.炮管后膛；8.弹壳回收器；9.冲击锤；10.推弹杆。发射装药竖放于炮塔底部，弹头则被水平放置。但在本图中，弹头在装填过程中已被抬升起来。

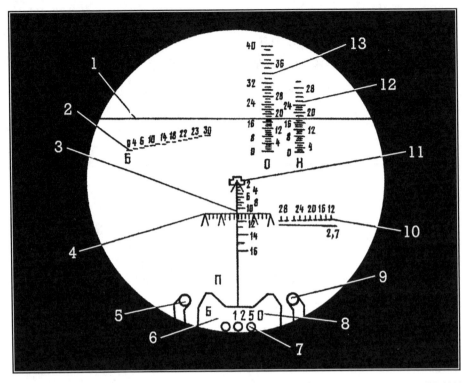

T-80B 坦克的 1G42 火控系统的瞄准镜分划板：1. 水平瞄准线；2. 尾翼稳定脱壳穿甲弹射表；3. 同轴机枪射表；4. 风力传感器量表；5. 弹种；6. 装填提示；7. 目标计数；8. 测距仪数值；9. 车长瞄准提示；10. 测距仪量表；11. 垂直轴中心瞄准点；12. 高爆破甲弹射表；13. 高爆破片弹射表。

在后来启动的"219R 工程"中，坦克炮塔挂上了由苏联钢铁研究所研制的新式 K 型复合装甲（Combination K）。这种以石英砂为填料的装甲被镶嵌在炮塔前的铸钢装甲中。这种复合装甲为炮塔提供了更好的防护，其防护能力等效于约550 毫米厚的钢板。坦克上的倾斜装甲由多层材料组成，从外到内分别是约80 毫米厚的装甲钢板、105 毫米厚的玻璃纤维板和 20 毫米厚的钢板内衬，这些材料加上倾斜的结构使其防护能力等效于 500 毫米厚的钢板。[①] 这些复合装甲旨在提供比

---

① 译者注：根据M.V.巴甫洛夫所著的《国内装甲车辆1945—1965年》（*Отечественные Бронированные Машины 1945-1946гг.*），"219R 工程"炮塔的抗穿能力为420毫米，抗破能力为500毫米；车体上的倾斜装甲，其材料从外到内依次是60毫米钢、100毫米玻璃纤维和45毫米钢，抗穿能力为345毫米，抗破能力为460毫米。

同等重量的传统铸钢装甲更强的防护，从而抵御各类聚能高爆破甲弹的打击，而这类弹药正是北约坦克当时主要使用的反坦克弹药。

1978年，诞生于"219R工程"的T-80B坦克正式服役。同年，T-80B坦克开始在列宁格勒基洛夫工厂投产，并且取代了早期的T-80。1979年，T-80B坦克又在鄂木斯克运输机械工厂投产，渐渐取代了同厂生产的用于出口的T-55A坦克。此外，鄂木斯克运输机械工厂还被下令研发T-80B坦克的指挥型——"630工程"，即T-80BK。T-80BK新增了陆地导航系统和更多的无线电设备。

T-80B成为T-80系列中产量最多的型号，于1981年首次装备苏联驻德国军团。1983年4月，隶属第1近卫坦克军第9师第29坦克团的T-80B在东德哈雷（Halle）地区行军时被北约侦察到，这是北约第一次发现T-80B坦克的存在。次年，北约又发现了隶属第8近卫坦克军的T-80B。至1985年，派驻东德的第1和第8近卫坦克军的每个师都装备了一定数量的T-80B坦克。根据《欧洲常备武力条约》签

1989年，由平板车运载的一辆T-80B坦克正被送往苏联驻德国军团。T-80B被一些北约坦克兵称为"米老鼠"，因为其布满车体的油桶让人联想到这一卡通形象。

订时的统计显示，截至 1990 年 11 月，在乌拉尔山脉以西有 3518 辆 T-80B、217 辆指挥型 T-80BK 和 617 辆升级版的 T-80BV 服役，共计 4352 辆，占整个 T-80 系列的 90%。原始的 T-80 坦克非常少，主要集中于乌拉尔山脉以东，散布于鄂木斯克机运输机械工厂、一些军备仓库和军校中。

苏联解体后，白俄罗斯境内共有 92 辆 T-80B 坦克。照片中，这辆迷彩涂装的 T-80B 正在明斯克国际武器和军事装备展上进行展示。（W. 卢扎克）

T-80BV——反应装甲升级型号

1982 年第五次中东战争期间，以色列在历史上首次使用了装有爆炸反应装甲的坦克。第一代爆炸反应装甲主要应对的是高爆破甲弹的聚能装药弹头。与普通高爆弹头的不同之处在于，聚能装药弹头装有包裹着药柱的锥形金属罩，药柱爆炸时产生的爆炸气体会使金属罩熔化，并聚集成一股高超音速的、足以击穿较厚的传统铸钢装甲的射流。爆炸反应装甲的装甲元件由块状钢壳包裹，并以较小的倾斜角度放置。钢壳内有塑胶炸药和钢板。当这种装甲被聚能装药弹头击中时，钢壳内的塑胶炸药会被弹头引爆，而由此产生的冲击波会将钢板推入射流的侵入路径并切断射流，从而大大削弱弹头的杀伤力。

从 20 世纪 80 年代后期开始，T-80BV 出现在部署于前线的苏联部队中，包括驻守波兰的北方军的两个师、驻守波美拉尼亚的第 6 近卫维捷布斯克摩托化步兵师和驻守西里西亚的第 20 兹韦尼哥罗德坦克师。照片中的 T-80BV 是在波兰举行的一次军事演习中出现的。值得注意的是，在和平时期，坦克的侧裙板不会披挂"接触 -1"爆炸反应装甲。

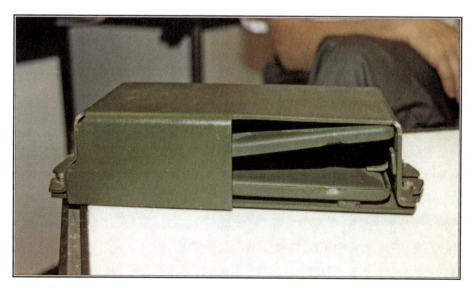

"接触 -1"爆炸反应装甲的钢壳内嵌有两枚 4S20 爆反药块。（斯蒂文·J. 扎洛加）

1994 年 9 月，苏联撤军东德期间，在柏林利希滕贝格火车站停泊的一辆平板车上载有一辆隶属苏联驻德国军团的迷彩涂装的 T-80BV 坦克。（迈克尔·杰歇尔）

20 世纪 60 年代，苏联钢铁研究所就已开发出"动态防护"（Dinamicheskaya Zashchita）反应装甲。苏联高层起初对这种装甲不太重视，直到 1982 年，以色列研制出的"夹克衫"（Blazer）爆炸反应装甲才重新引起他们的兴趣。苏联陆军紧急启动了一项为坦克（特别是进入苏联驻德国军团前线的主战坦克）配装爆炸反应装甲的计划。苏联这款名为"接触"的爆炸反应装甲采用了第一代 4S20 爆反药块来实现对坦克的动态防护。据苏联钢铁研究所报告显示，"接触-1"能将一般的 125 毫米炮射导弹的杀伤力削弱 86%，将 125 毫米高爆破甲弹的杀伤力削弱 58%，至于 93 毫米单兵轻型反坦克导弹的杀伤力甚至能被削弱 92%。"接触"比"夹克衫"轻一些，而苏联钢铁研究所称其在防护效果方面要高出约 15%。

"接触"爆炸反应装甲于 1983 年开始配装苏联坦克，于 1984 年首次在苏联驻德国军团中部署。1985 年，列宁格勒基洛夫工厂开始生产加挂"接触"爆炸反应装甲的 T-80BV 坦克——即"219RV 工程"，其指挥型是 T-80BVK。T-80BV 这一型号名中的字母"V"取自俄语"vyzryvnoi"，意为"爆炸"。服役日久的老旧坦克在定期翻新时都会加挂"接触"爆炸反应装甲。根据 1990 年 11 月签订《欧洲常备武力条约》时进行的统计，乌拉尔山脉以西地区共有 594 辆 T-80BV 和 23 辆 T-80BVK，约占 T-80 系列总数的 13%。

T-80U——超强防护升级型号

1976 年 5 月，在哈尔科夫工厂首席设计师莫洛佐夫退休后，时任苏联国防部长的乌斯蒂诺夫试图对苏联坦克设计实行更高程度的标准化。当时，哈尔科夫工厂为对抗 T-80，便以 T-64B 为基础启动了"476 工程"。"476 工程"明显加强了火控，并配备了新式炮塔装甲。苏联高层认为不必浪费时间将这些新成果复刻到 T-80 的炮塔上，决定启动"219A 工程"（即"476 工程"的炮塔与 T-80B 的车体的组合），同时下令哈尔科夫工厂将生产重心从 T-64B 转移到 T-80。根据这一指令，列宁格勒基洛夫工厂设计局在波波夫的领导下负责总体规划，哈尔科夫工厂设计局在新任首席设计师尼古拉·绍明（Nikolai Shomin）的领导下负责炮塔和武器系统的研发。"476 工程"的炮塔配装了新一代复合装甲，并且集成了改进的 1A45 火控系统和 1G46 瞄准仪。当时，苏联钢铁研究所正在研究两种不同类型的先进复合炮塔装甲。

"219A 工程"（T-80 的升级项目）把"476 工程"样车的炮塔与 T-80B 的车体结合在了一起。"219A 工程"的部分样车配备了新式"接触 -1"反应装甲。但该项目最终未能投产，因为更先进的第二代"接触 -5"反应装甲即将到来。

T-80U 坦克的投产适逢戈尔巴乔夫宣布削减国防预算，所以产量相对较少。照片中这辆坦克为 1994 年在下诺夫哥罗德展览会场前公开展示的 T-80U。（斯蒂文·J. 扎洛加）

其中，T-72B 采用的"反射板"装甲是一种填充在铸造炮塔前部腔体内的、由金属和非金属板交替组成的层压板；"476 工程"的炮塔在前部腔体中填充的是更为昂贵的半主动填料装甲，这种装甲以两层聚合物作为填料，内衬钢板和树脂。当聚能装药射流击穿这种装甲的填料层时，冲击波会在半液体状的填料中回荡，从而削弱其穿透力。1982 年，哈尔科夫工厂已准备将"219A 工程"投产，但由于炮射导弹和反应装甲等其他技术项目还需多加试验，最终仅生产了较少的用于试验目的的成车。

该照片展示了 T-80U 坦克发射的四种 125 毫米炮弹，前排从左到右依次是：尾翼稳定脱壳穿甲弹、高爆破片弹、高爆破甲弹和"映射"导弹。后排左侧的是满载的 Zh52 发射药筒，右边的为"映射"导弹系统的 9Kh949 装药底座。

无线电指令制导的"眼镜蛇"导弹虽然能够实现高精度远程打击，但也存在可靠性低、成本高等问题。为此，位于图拉的 KBP 仪器设计局研发了 125 毫米 9K120 "映射"激光制导导弹系统，而其前身就是 100 毫米 9K116 "棱堡"（Bastion）

导弹和 115 毫米 "舍克斯纳" (Sheksna) 导弹。9M119 "映射" 导弹的弹体在常规推进剂的助推下从炮管中射出,随后分别负责稳定性和控制转向的两组尾翼将打开。位于炮弹尾舱的圆形激光接收元件能够接收由炮手用 1G46 瞄准仪自带的 9S515 半自动激光系统发出的编码激光信号, 这使炮弹可根据信号导向目标。"映射" 导弹对均质钢装甲的穿深达 700 毫米,而旧式 "眼镜蛇" 导弹的穿深为 600 毫米。与 "眼镜蛇" 4 千米的最大射程相比, "映射" 的最大射程增加到 5 千米。除了 "219A 工程", 另一个 T-80B 升级项目是 "219V 工程"。"219V 工程" 集成了 "映射" 导弹、1A45 "额尔齐斯" 火控系统和 GTD-1000TF 发动机。有部分 "219A 工程" 和 "219V 工程" 的测试样车配装了第一代 "接触 -1" 反应装甲套件。不过, 这些有时被称作 "T-80A" 的坦克因种种原因未能服役,目前多被陈列于博物馆中。

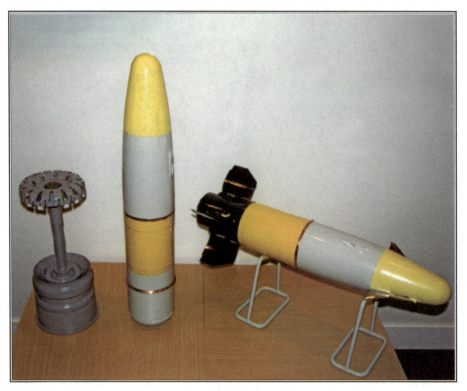

125 毫米 3UBK14 弹药的组成部分, 从左到右分别是:9Kh949 装药底座、处于发射准备状的 9M119 导弹和展开尾翼的 9M119 导弹。

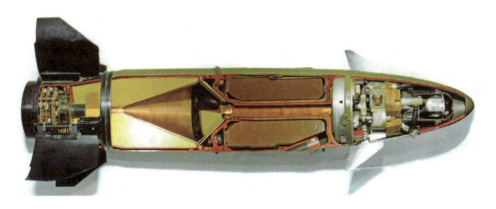

9M119"映射"导弹的横截面图。位于弹体前部的是飞行控制器，其后的固体火箭炮巡航发动机通过尾翼后的一对排气口进行排气；聚能装药弹头位于弹体的后部，制导系统位于最末端。（斯蒂文·J.扎洛加）

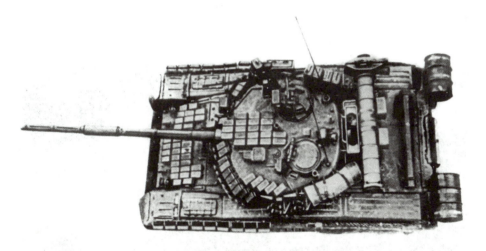

"219A 工程"和"219V 工程"是 T-80B 升级至 T-80U 的两个重要节点。从这张样车俯视图中可以看到"476 工程"的炮塔特有的宽大后部，以及"布罗德"潜渡系统的空气管和适配器。

　　如前文所述，"接触-1"反应装甲一经问世，苏联几乎立即就将其投入实战。然而，"接触"并不完全受到苏联坦克设计师的欢迎，因为它使坦克的战斗全重增加了 1.2 吨，并且只能防御聚能装药弹头。20 世纪 80 年代中期，北约坦克开始转而使用尾翼稳定脱壳穿甲弹作为火炮炮弹，而"接触"反应装甲无法防御这种炮弹。1982 年，苏联从叙利亚那里获得了一些在第五次中东战争中缴获的以色列 105 毫米 M111 尾翼稳定脱壳穿甲弹。苏联在之后的两年里进行的测试表明，这种穿甲弹能穿透 T-72 和 T-80 等坦克的倾斜装甲。T-80B 应对这种武器的临时做法是在其倾斜装甲上加装 30 毫米厚的钢板。此外，苏联钢铁研究所紧急启动了第二代"接触 -5"爆炸反应装甲的研制，旨在同时应对尾翼稳定脱壳穿甲弹和聚能装药弹头。"接触 -5"的表面钢板更为坚固，既可以有效削弱聚能装药射流的破坏力，也能将尾翼稳定脱壳穿甲弹的穿深减少 20%—35%。"接触 -1"使用的 4S20 药块相当于 0.28 千克 TNT 当量，而"接触 -5"使用的 4S22 爆反药块相当于 0.33 千克 TNT 当量，威力更大。"接触 -5"必须以适当的角度放置才能获得最大的防护效果。考虑到其尺寸和重量，"接触 -5"也无法像"接触 -1"那样用螺栓固定在车体上，而必须在坦克出厂前或翻新时专门装配。因此，"接触 -1"和"接触 -5"可通过是外挂于车体还是集成于车体进行区分。

与北约坦克相比，T-80U 坦克的内部空间相当狭小。照片展示的是位于炮塔左侧的炮手战位，右边的是巨大的火炮后膛，1G46-2 火控系统位于中间。

后来的"219AS 工程"对"219A 工程"和"219V 工程"的一些配置,以及"接触 -5"反应装甲进行了整合。1983 年年底,20 台"219AS 工程"样车完工。其中的 8 台立即接受了部队试验,其余的接受了国家试验和工厂测试。1985 年,"219AS 工程"以"T-80U"之名开始进入苏军服役。1987 年,鄂木斯克运输机械工厂开始量产 T-80U。根据 1990 年 11 月签订《欧洲常备武力条约》时的统计,苏联有 410 辆 T-80U 坦克在乌拉尔山脉以西服役,约占 T-80 系列总数的 8%,而这些 T-80U 当中可能还包括后来的 T-80UD(见后文)。据俄消息人士称,"接触 -5"反应装甲和新型炮塔装甲为 T-80U 提供了前所未有的防护能力——相当于提供了约 630 毫米的抗穿能力和约 1100 毫米的抗破能力。尽管 T-80U 无疑是苏联当时最好的坦克,但其价格也很高。据苏联第 100 号研究所得出的结论,T-80U 坦克在作战能力上比 T-72B 强 10% 左右,但 1 辆 T-80U 需要 82.4 万卢布,1 辆 T-72B 只需 28 万卢布,成本几乎三倍于后者。

1997 年,在鄂木斯克附近的苏维特利(Svetliy)试验场中,这辆 T–80U 坦克正冲下山。(斯蒂文·J. 扎洛加)

在 1991 年海湾战争中，T-72 坦克廉价的出口型在伊拉克军队中表现不佳，这导致苏联坦克的口碑下滑。然而，T-80U 和 T-72B 的出现扭转了这一颓势，因为这些新型坦克的攻防能力得到极大提升。20 世纪 90 年代，美国陆军在对苏联坦克进行实弹测试后得出结论，北约坦克很难打穿 T-80U 和 T-72B 上的先进装甲，而且 T-80U 和 T-72B 装备的武器也比出口到伊拉克的威力大得多。

T-80UD：回归柴油发动机

由于涡轮发动机在 T-80 中出现这样那样的问题，一系列柴油发动机替代方案也就应运而生。1975 年至 1976 年，列宁格勒基洛夫工厂在原 T-80 坦克的基础上，首先启动了柴油机版本的"219RD 工程"——在 T-80B 底盘上搭载隶属车里雅宾斯克工厂的传动柴油（Transdizel）设计局的 1000 马力 2V16（A-53-2）柴油发动机。不过，该项目直到 1983 年才完成。T-80 的另一个柴油机版本是鄂木斯克运输机械工厂负责的"644 工程"——直接照搬了 T-72 坦克的 V-46-6 发动机。然而，在乌斯蒂诺夫提出的"坦克发动机涡轮化"计划下，这些项目都未能投产。尽管如此，苏联仍然没有放弃为 T-80 寻找更好的替代发动机，因为涡轮发动机的采购和运营成本相当高昂。例如，20 世纪 80 年代，T-72 坦克的 V-46 柴油发动机一台仅需 9600 卢布，而一台 GTD-1000 涡轮发动机的价格是 104000 卢布，贵了不止十倍。总的来说，涡轮发动机寿命短，耗油高，维修起来既贵又麻烦。

乌斯蒂诺夫要求哈尔科夫工厂按照涡轮发动机的配置生产 T-80 坦克，但工厂起初并没有放弃为 T-80 搭载柴油发动机的尝试，并在 1976 年启动了"478 工程"，而这也是该厂为 T-80 搭载柴油发动机的第三次努力。"478 工程"使用的是原本为改进 T-64B 坦克（即"476 工程"）和为下一代的 T-74 坦克开发的新型 1000 马力 6TD 柴油发动机。该厂还启动了配置更为复杂的"478M 工程"，为其配备了新的"西斯特玛"（Sistema）火控系统、"沙特尔"（Shater）主动防御系统和车里雅宾斯克工厂传动柴油设计局的 1500 马力"X 布局"124Ch 柴油发动机。不过，由于结构复杂且价格高昂，"478M 工程"终究是不切实际的。此外，"478 工程"在火控、火力方面都落后于同时代的"476 工程"，比如"478 工程"还在使用旧的"眼镜蛇"导弹，无法使用新的"映射"导弹。尽管哈尔科夫工厂做了种种尝试，但乌斯季诺夫还是坚持推进"坦克发动机涡轮化"。最终，该厂只能停止生产 T-64B，转而生产 T-80U。

T–80U 坦克的燃气涡轮发动机尽管存在种种问题，但其澎湃的动力为坦克提供了极快的行驶速度。2000 年，在叶卡捷琳堡郊外的斯塔拉特尔火炮试验场举办的俄罗斯武器展览会上，T–80U 的"飞行坦克"表演已然成为一个特色项目。(斯蒂文·J. 扎洛加)

"219RD 工程"是首次尝试用柴油发动机替换涡轮发动机的 T-80 坦克,搭载的是 1000 马力 2V16 柴油发动机。不过,该项目没有得到高层的支持,永远停留在了样车阶段。

    乌斯蒂诺夫的观点在苏联内部并未得到普遍认同。而根据苏联国防部于 1984 年进行的一项研究显示,在下一个五年计划中,苏联军费足以购买 2500 辆坦克和 6000 台 6TD 柴油发动机,或 1500 辆坦克和 2000 台 GTD-1250 涡轮发动机。1984 年 12 月和 1985 年 7 月,涡轮坦克计划的两位最有力的支持者——乌斯蒂诺夫和罗曼诺夫相继去世,这就使柴油坦克重新成为坦克生产的重点。此前,哈尔科夫工厂在生产涡轮版的 T-80U 坦克时速度极其缓慢,一共只生产了 45 辆。很快,苏联政府在 1985 年 9 月 2 日就下达了柴油 T-80U 坦克的生产许可。

    1985 年,在 T-80 上配备 6TD 柴油发动机的"478B 工程"启动。到当年年底,用于试验的五台样车很快就完成了,而用来与之做对比的基于结构相对简单的"219A 工程"制造的柴油样车也已完工。由于早期的经验积累,"478B 工程"的测评工作很快就结束了。接着,"478B 工程"在哈尔科夫坦克学校向戈尔巴乔夫等高级官员进行了演示。苏联政府迅速在 1986 年批准"478B 工程"投产,但要求在大规模生产前对其进行改进。哈尔科夫工厂最初的计划是将柴油 T-80U 命名为"T-84",

因为该厂传统上就是按 T-34、T-44、T-54、T-64 和 T-74 的规则为每一代坦克命名的。但工业界和军方为此展开了激烈的争论。一些批评者认为，"T-84" 的叫法会让人误以为它和 T-64、T-72、T-80 同为苏联标准型坦克。其实，这四种坦克除了发动机不同，其余配置参数基本相同。命名问题引起的争论持续发酵，以至于惊动了最高层。最终，苏共中央委员会做出决定，用低调的 "T-80UD" 来表示这是一款柴油发动机经过改进的坦克。由于戈尔巴乔夫削减国防开支，苏联坦克的产量在 20 世纪 80 年代末持续减少。根据 1989 年最初的计划，T-80 和 T-72 坦克总共要生产 3739 辆，但后来被削减至 1530 辆，而 1990 年又进一步削减至 1445 辆。

苏联解体之前，T-80UD 坦克的总产量相当有限，共约 500 辆。其中，约有 350 辆在 1991 年苏联解体之际仍存放于哈尔科夫工厂。T-80UD 首先被配属给两个 "克里姆林宫近卫师"，二者分别是莫斯科第 4 近卫坎捷米罗夫斯卡坦克师和第 2 近卫塔曼机械化步兵师。1990 年 5 月 9 日，T-80UD 在莫斯科胜利日红场阅兵式上首次公开亮相。1991 年，苏联 "八月政变" 期间，T-80UD 再次出现在莫斯科街头。

T-80 坦克的转折点

1991 年, 苏联正值解体之际。当时, T-80 坦克已经是苏联地面部队的绝对主力, 战斗力最强的部队都少不了它的身影。根据《欧洲常备武力条约》的统计数据, 1990 年 11 月, 乌拉尔山脉以西的 T-80 坦克为 4874 辆, 这些坦克绝大多数都是针对北约部署的。其中, 共有约 3020 辆 T-80B 和 T-80BV 隶属苏联驻德国军团的 6 个坦克师和 6 个摩托化步兵师; 约 600 辆隶属北方集团军驻守波兰的 1 个摩托步枪师; 705 辆隶属俄罗斯境内的一些部队, 尤其是莫斯科第 4 近卫坦克师和第 2 近卫塔曼机械化步兵师, 还有很小一部分在列宁格勒军区的 5 个机械化步兵师中服役; 其余则散布于军备仓库和军校之中。乌拉尔山脉以东也分布着数量较少的 T-80 坦克, 这些坦克集中在鄂木斯克运输机械工厂、军备仓库和军校中。总的来说, T-80 坦克的实际产量可能超过了《欧洲常备武力条约》签订时统计的数据, 因为该数据并没有将乌克兰境内的坦克纳入统计, 尽管哈尔科夫工厂就大致存放着 320 辆, 而且鄂木斯克的坦克工厂可能还有一些库存。

苏联解体后, 除了约 350 辆 (主要是 T-80UD) 在乌克兰哈尔科夫工厂和不到 100 辆在白俄罗斯境内, T-80 系列坦克几乎都在俄罗斯联邦的控制之下。时至 20 世纪 90 年代中期, 原先驻守在德国和波兰的该型坦克逐渐被撤回俄罗斯。随着苏联解体, 坦克工业陷入危机, 苏联原有的五家坦克工厂只剩三家在勉强维持运作, 即继续生产 T-72B 的乌拉尔战车工厂、生产 T-80UD 的哈尔科夫工厂和生产 T-80U 的鄂木斯克运输机械工厂。位于列宁格勒和车里雅宾斯克的两家工厂慢慢淡出了坦克生产业。哈尔科夫工厂地处乌克兰境内, 因此该厂和俄罗斯联邦的工厂就断绝了关系。此外, 受国防预算急剧减少的影响, 1991 年至 2005 年, 俄罗斯联邦几乎没有资金启动新式坦克的设计和生产, 只是按照已有的合同进行了生产。不过, 隶属第 4 近卫坦克师第 13 近卫坦克团的 6 辆 T-80UD 坦克因在 1993 年 10 月参加了 "十月事件" 而受到国际关注。

国家资金的崩溃导致了俄罗斯联邦境内仅存的乌拉尔战车工厂和鄂木斯克运输机械工厂之间竞争激烈。这期间爆发的车臣战争也对这两家工厂产生了深远的影响。

苏联解体时, T-80 坦克部队还没有进驻高加索军区。1994 年, 在俄罗斯政府军对车臣首府格罗兹尼进行突袭之前，一些 T-80B 和 T-80BV 坦克被调出仓库并被配属给了没有接受过相应训练的部队。由于不了解 T-80 坦克的涡轮发动机的油耗，车组人员让发动机长时间怠速运转，并未察觉到怠速时的油耗与正常时的油耗一样多，从而很快耗尽了油料。参与车臣战争的大部分 T-80BV 坦克都来自该地区以外的部队，比如原先驻守德国的第 90 近卫坦克师第 81 近卫佩特罗夫斯基摩托化步兵团、驻守列宁格勒军区的第 45 近卫摩托化步兵师第 129 近卫摩托化步兵团，以及第 47 近卫坦克师第 245 近卫格涅兹涅斯基摩托化步兵团。这其中，至少第 81 近卫佩特罗夫斯基摩托化步兵团和第 129 近卫摩托化步兵团的坦克是缺少"接触"反应装甲所需的爆炸模块的。1994 年 12 月 31 日，在格罗兹尼巷战中，俄罗斯政府军坦克部队在没有做好周全准备，也没有接受应有训练的情况下仓促开进城内作战。结果，参与行动的 200 辆坦克损毁了 70%。彼时，俄罗斯的报纸和电视充斥着 T-72 和 T-80 坦克支离破碎的恐怖景象。第 133 近卫独立坦克营的 1 辆 T-80BV 坦克甚至遭到 18 次 RPG 火箭筒的攻击，还被地雷炸毁了一条履带。在进行格罗兹尼巷战的 1994 年至 1995 年，至少有 17 辆 T-80B 和 T-80BV 坦克损毁了。

1994 年 12 月，俄军在格罗兹尼巷战中惨败，而 T-80BV 坦克成了"替罪羊"。事实也证明，其供弹系统的安全性十分堪忧，被击中时极易发生殉爆。

T-80 坦克因其昂贵的涡轮发动机、高油耗以及供弹系统易引发殉爆的问题而容易遭到针对性打击。许多车臣武装分子都曾是苏联士兵,十分熟悉俄坦。尽管 T-80B 坦克能够很好地抵御 RPG-7 反坦克火箭筒的正面攻击,但发动机盖的表面却是其致命弱点——从高楼发射的反坦克火箭弹可精确击穿发动机盖上的薄装甲,然后穿过发动机和战斗舱之间没有装甲防护的防火墙并引发殉爆,导致惨烈的"飞头"。

两个月后,俄罗斯时任国防部长格拉乔夫在库宾卡装甲中心发表了一次颇有情绪的演讲,批评坦克糟糕的设计是导致车臣战争惨败的原因之一,以试图淡化真正的败因,比如准备不周、训练不足以及俄军高层制订作战计划不力。俄罗斯坦克研发负责人加尔金上将始终认为,T-80U 坦克在设计上是优于 T-72B 坦克的。

俄罗斯坦克的未来再一次受到政治因素而非技术因素的左右。乌拉尔战车工厂过去曾作为政治的牺牲品蒙受过巨大损失,不过这次它显然吸取了教训:为规避车臣战争惨败带来的负面影响,T-72 坦克的升级版——T-72BU 被更名为"T-90"。在乌拉尔战车工厂所在的斯维尔德洛夫斯克州,时任州长的爱德华·罗塞尔(Eduard Rossel)也不遗余力地将 T-90 作为未来的俄罗斯主战坦克进行了宣传。1996 年,俄罗斯陆军宣布 T-90 将作为首选坦克。这一决定在短时间内产生不了什么实质性的影响,因为在那十年的时间里无论是采购 T-80U 还是 T-90 都没有资金。不过,T-90坦克最终迎来了转机,因为乌拉尔战车工厂依靠铁路设施业务得以维持,并且终于在 2005 年等到了国家订单。此外,该工厂在出口市场上也取得了成功,赢得不少 T-72和 T-90 坦克的大订单,出口对象为印度等国。相比之下,鄂木斯克运输机械工厂的出口业务就不太理想。与 T-72 坦克相比,T-80U 坦克的价格和运营成本要高得多。此外,鄂木斯克运输机械工厂还面临着来自哈尔科夫工厂的竞争,后者正在出口市场上销售 T-80UD 坦克。不论 T-90 坦克口碑如何,在 20 世纪 90 年代末期,T-80坦克事实上就是俄罗斯坦克部队的主力。由于当时缺乏资金,较早型号的坦克已被淘汰,但 1997 年在乌拉尔山脉以西地区服役的 5546 辆坦克中,有 3210 辆是 T-80系列坦克,几乎占到 60%。

鄂木斯克运输机械工厂此时仍然留有一些苏联时期下拨的国家资金,用以设计和生产 T-80U 坦克的指挥型——"630A 工程",即 T-80UK 坦克。"630A 工程"对 T-80U 坦克进行了一系列不大却十分重要的改进,以便在出口市场上更具吸引力。20 世纪 80 年代,苏联在夜视仪技术方面普遍落后于北约,坦克也未能装备热

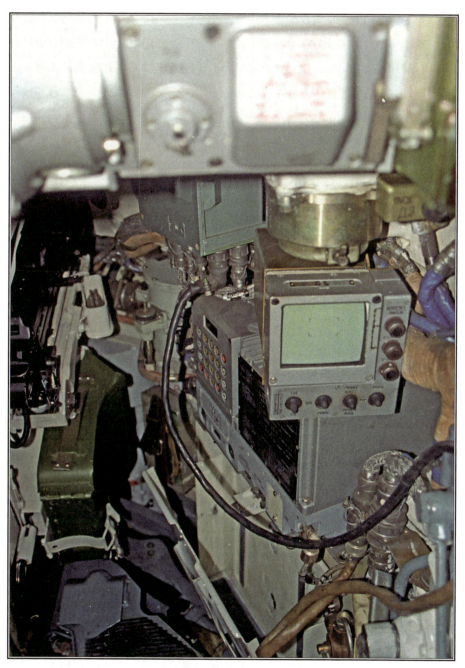

照片中，这辆 T-80U 的车长战位配备了一挺 7.62 毫米口径 PKT 同轴机枪，靠右的是"龙舌兰"热成像夜视仪的显示屏。（斯蒂文·J. 扎洛加）

成像瞄准仪。而 T-80UK 首次配备了"龙舌兰"热成像瞄准仪，尽管国外认为这种热成像瞄准仪比同时期北约的要落后十几年。鄂木斯克运输机械工厂还将其他最新技术成果融入了 T-80UK，比如"窗帘"光电干扰系统、GTD-1250 发动机等。除此之外，T-80UK 自然也具备指挥型坦克常见的附加功能，如陆地导航系统和额外的无线电设备。

鄂木斯克运输机械工厂以 T-80UK 指挥型坦克作为进一步发展 T-80U 系列的蓝本。这辆 1995 年在阿联酋展出的 T-80UK 增加了一些新功能，比如火炮两侧的"窗帘"光电干扰系统。（斯蒂文·J. 扎洛加）

　　鄂木斯克运输机械工厂的确也拿到了一些 T-80U 坦克的出口订单，不过大部分交付的是原有的库存。20 世纪 80 年代末，摩洛哥大概购买了 5 辆 T-80 坦克，号称是用作未来坦克测试样车的。不过，人们一般认为这些坦克最终落入了美、英、德等国的情报机构手中。1992 年，俄罗斯向英国出售了 1 辆 T-80U 坦克，以表达总统叶利钦进行国事访问的诚意。1993 年，瑞典购入 T-80U 坦克并将其作为该国主战坦克的备选项进行了评估，但最终选择了"豹 2"坦克。俄罗斯联邦政府在向韩国偿还从苏联时期就欠下的高额欠款时，有部分是靠出售坦克等军事装备来偿还的。1996年至2005年，韩国从俄罗斯接收了约80辆T-80U坦克，主要将其用作演练时的假想敌。1996年至1997年，塞浦路斯购买了41辆T-80U坦克，其中包含14辆新式T-80UK指挥型坦克。

鄂木斯克运输机械工厂曾试图通过更精细的改进来挽回T-80坦克的国际口碑，其中包括改进后文将详细介绍的主动防御系统。尽管该厂能陆陆续续拿到一些用于坦克生产业重建的国家订单和出口订单，但这些订单对偌大一个工厂而言仍是杯水车薪。最终，该厂在2006年宣告破产。随后，俄罗斯政府计划将下塔吉尔所有的坦克生产线进行整合，并让原鄂木斯克运输机械工厂相关人员负责坦克生产线的重建和一部分设计工作。2007年俄罗斯国防预算也为老旧的T-80坦克计划了用以翻新升级的资金。

"窗帘"光电干扰系统自带两台TShU-1-17红外干扰器，其发射的调制红外信号可迷惑北约有线制导导弹（如"陶"式、"米兰"和"霍特"）使用的导弹跟踪器。此外，该系统配备的激光告警元件在特定条件下可触发烟幕弹，以保护坦克免受攻击。（斯蒂文·J. 扎洛加）

塞浦路斯是鄂木斯克运输机械工厂的 T-80U 坦克的出口客户之一。该国国民警卫队第 20 装甲旅共进口了 41 辆 T-80U 坦克。这些坦克与 BMP-3 步兵战车一同服役。这是其中一辆配备了"窗帘"光电干扰系统的 T-80UK。（理查德·斯蒂克兰）

主动防御系统

苏联是首个采用坦克主动防御系统的国家，旨在保护坦克免受反坦克导弹的威胁。自20世纪40年代末始，苏联开发了许多试验性系统，但都因传感器和计算机方面技术不足而无法实现。1981年至1982年，由KBM工业设计局自1977年始开发的"鸫"（Drozd）系统首次被投入实际使用。苏联海军步兵在配备的T-55AD坦克上部署了少量"鸫"系统，不过在20世纪80年代末就改用了更为轻便的"接触"反应装甲。"鸫"系统可通过两台小型多普勒雷达传感器中的一台来识别来袭的反坦克导弹。只有当目标以70—700米/秒的速度移动时，该系统才会锁定目标，

1997年，在鄂木斯克附近的苏维特利试验场，一辆 T-80UM-2 坦克重新采用了老式"鸫-2"主动防御系统。该系统包括每侧四枚 3UOF14 反导弹拦截弹，以及位于发射管上方用于探测来袭反坦克导弹的毫米波雷达。（斯蒂文•J. 扎洛加）

以避免对其他小型武器和高速射弹做出反应。在捕捉到来袭导弹后，"鸫"系统的计算机会通过计算来确定发射八枚拦截弹中的哪一枚，并在来袭导弹距坦克7米处将其射出。这种107毫米反导弹拦截弹内的一颗预制破片高爆弹头可向来袭导弹喷出破片射流，以便在其接近坦克之前将其摧毁。"鸫"系统也存在一些问题，其中之一就是它为坦克正前方提供的防御角度相对较小。

根据预计，T-80将成为20世纪80年代苏联的新一代标准型坦克，因此大部分主动防御研究都转向了T-80。1976年，哈尔科夫工厂与KBM工业设计局接到命令。该命令要求两者共同研发应用于T-80坦克的新型"沙特尔"主动防御系统，并将其作为试验性"476M工程"的一部分。"鸫"系统的防御角度只有80度，而"沙特尔"在配备20具发射管后，防御角度就扩大到200度。随后，两家单位还启动了另一项名为"豪猪"（Dikobraz）的主动防御系统研发计划。结果，在1991年

T-80UM-1"雪豹"坦克采用的"竞技场"主动防御系统，通过炮塔顶部的长杆传感器和炮塔下方的发射管就可辨认。（斯蒂文·J. 扎洛加）

苏联解体前，没有任何一套主动防御系统完善到可以投产。[1]

再后来，KBM 工业设计局开发出的"竞技场"（Arena）主动防御系统延续了"沙特尔"系统的设计理念。在最早的"219E 工程"中，"竞技场"系统被成功应用于 T-80B，而这就是后来的 T-80BM1 坦克。1992 年，"竞技场"系统向外披露。1997 年，装备了该系统的新式 T-80U——T-80UM-1 "雪豹"（Bars）坦克首次公开展示。"竞技场"系统的工作原理如下：位于炮塔后侧的毫米雷达在探测到来袭导弹进入 50 米范围内时，系统计算机将确定要激活哪种对抗措施；待来袭弹距坦克 5—10 米时，环绕炮塔布置的 20 枚反导弹拦截弹之一就会被发射出去；这枚反导弹拦截弹会先向上射出，再在下落时由引信引爆，并朝目标射出破片，这类似于"阔刀"（Claymore）反步兵地雷的工作原理。"竞技场"系统的方位角覆盖范围约为 340 度，KBM 工业设计局声称该系统可显著提高坦克的生存能力。"雪豹"坦克虽然最终并未投产，但毕竟是鄂木斯克运输机械工厂为争取本国订单和出口订单所做的一次努力。耐人寻味的是，在"雪豹"坦克公开展示的同年，鄂木斯克运输机械工厂还为 T-80U 坦克配备了升级版的"鸫-2"主动防御系统，并将其命名为"T-80UM-2"。

---

[1] 译者注：实际上，"鸫"系统此时已经量产。

乌克兰 T-84 坦克

乌克兰脱离苏联后，哈尔科夫工厂试图维持 T-80 的生产，但遇到很大困难。T-80UD 约有 70% 的零部件需要其他国家提供。乌克兰生产的 T-80UD，1991 年的产量为 800 辆，1992 年仅为 43 辆，1993 年更是因零部件供应不足而没有生产。由于国家分配给坦克生产的预算太少，无力支撑规模化生产，哈尔科夫工厂只好将重心转向出口市场。1993 年，该工厂向巴基斯坦展示了 T-80UD 坦克。当两辆 T-80UD 于 1995 年夏在巴基斯坦接受了广泛的测试后，该国于 1996 年 8 月正式宣布向乌克兰订购 320 辆该型坦克。T-80UD 坦克采用的铸造炮塔是坦克的一个关键部件。以前生产该炮塔的位于马里乌波尔（Mariupol）的阿兹沃斯塔尔（Azvostal）冶炼厂当时已经停产，这就只剩俄罗斯的鄂木斯克运输机械工厂能够生产这种炮塔。因此，哈尔科夫工厂设计局自主研发了一款新式焊接炮塔，并于 1993 年将其装在了 "478BK 工程" 上。在解决了炮塔的问题后，乌克兰又对标 D-81 火炮，自主开发了 125 毫米 KBA-3 滑膛炮。在 1997 年至 1999 年乌克兰交付给巴基斯坦的 320 辆坦克中，有

T-84 的最终生产版本仍然采用了焊接炮塔，但在炮塔配置上和 T-80UD 相比有许多细节上的变化。T-84 披挂的 "接触 -5" 反应装甲所使用的 4S22 爆反药块由乌克兰的塔斯科（Tasko）公司生产。

145 辆使用了原版的铸造炮塔。而这 145 辆中有 52 辆是根据苏联时期的订单交付的，其余的是利用从苏联时代留下的炮塔生产出来的全新坦克和乌克兰陆军的库存。交付的另外 175 辆坦克是使用了焊接炮塔的"478BE 工程"。坦克出售之后，乌克兰境内的 T-80 坦克从约 350 辆减少至 270 辆。

　　哈尔科夫工厂以 T-80UD 坦克为基础进行的改进未曾停歇，例如为实验性的"478D 工程"配备了 TPN-4"暴风雪"夜视仪和经过升级的"安奈特"火控系统（这种火控系统通过计算时序以及关联射程和引信装定数据，操控高爆弹或破片弹在反坦克导弹等目标的上方精确空爆）。自 1980 年始，哈尔科夫工厂还研究了"窗帘"光电干扰系统，并自主研发出"瓦尔塔"（Varta）系统。悬挂方面，该工厂为"478D 工程"配备了基于 T-64 配置的改进悬挂。该工厂还为"478D 工程"考虑过多种配置方案，比如由利沃夫（Lvov）的光学仪器厂开发的热成像瞄准仪、更强劲的 1500 马力 6TD-3 发动机，但最终没采用。这是因为融入太多创新技术会大幅度延长研发周期。最终，被生产出来的"478DU 工程"和"478DU2 工程"的样车保留了 T-80 坦克的悬挂和 1000 马力的发动机。1995 年，一辆 T-84 坦克

T-84M 坦克是 T-84 系列进一步改进的产物，采用了"利刃"爆炸反应装甲等新技术。如图所示，坦克侧裙板披挂了内含辅助动力装置的反应装甲块。（斯蒂文·J.扎洛加）

由T-84"堡垒"改进而来的"雅塔甘"加装了容量为22发的尾舱自动装弹机,而且车内还可存储18发弹药。这使得该坦克可使用更长的尾翼稳定脱壳穿甲弹,同时减小了殉爆的可能性。

的样车以"超级坦克"的响亮名号参加了当年的阿拉伯联合酋长国国际防务展。之后，T-84坦克的改进型号——"478DM工程"又以"T-84M"之名在1999年的阿拉伯联合酋长国国际防务展上首次亮相。T-84M坦克是乌克兰用来与俄罗斯竞争的最尖端坦克，披挂了可有效防御来袭穿甲弹的新式细长型聚能装药"利刃"（Nozh）反应装甲。

为消除原先由于装弹机布局问题而导致的殉爆危险，哈尔科夫工厂启动了配备新式自动装弹机系统的"478DU4工程"，这就是T-84"堡垒"（Oplot）坦克。该型坦克在防爆门后面的新装弹机中放置了28发弹药，另外的12发弹药则放置在车体和炮塔内四周覆盖有装甲的弹药架上。"堡垒"坦克还搭载了强大的6TD-2发动机，装备了"暴风雪－凯瑟琳"融合式热成像夜视仪等。这些配置满足了其主要目标客户——土耳其对主战坦克的要求。不过，土耳其对苏联的125毫米火炮不感兴趣，更青睐北约的120毫米火炮。哈尔科夫工厂为迎合出口需求，对照"克恩–2.120"（KERN-2.120）项目的标准对"堡垒"坦克进行了适配120毫米火炮的设计。这就是后来的T-84-120坦克，也被称为"雅塔甘"（Yatagan）。2000年，"雅塔甘"坦克被运往土耳其进行测试，但该国的订购计划却因资金问题一度被搁浅。

2001年，乌克兰方面推出了T-84坦克的一个奇特的衍生车型——BTMP-84重型步兵战车。该车的底盘被加长至9米，车体后部增加了一个能容纳5名步兵的战斗舱，而步兵在待命时就坐在发动机舱壁前的一把简易长椅上。战斗舱与发动机舱之间设有一条通道，舱顶也设有两个舱门。2001年至2002年，该车的一台样车被生产出来。

针对T-84坦克的衍生型号，曾有多种规格的火炮作为备选项，比如140毫米55L"黑豹"（Bagira）火炮。此外，为了不在125毫米制导导弹方面依赖俄罗斯，位于乌克兰基辅的卢奇（Luch）设计局自主开发了125毫米"格斗"（Kombat）炮射导弹。在爆炸反应装甲方面，迈克罗泰克（Mikrotek）国家技术中心局带头开发出新一代"利刃"爆炸反应装甲。该装甲利用小型聚能装药来瓦解尾翼稳定脱壳穿甲弹的攻击，于2003年投产。在主动防御系统方面，迈克罗泰克国家技术中心局还带头启动了"屏障"（Zaslon）系统的研发。这种系统的拦截用弹是有些类似于"鸫"系统的预制破片高爆弹。2002年，乌克兰还开发出"对比"（Kontrast）被动防护系统，该系统利用特殊迷彩斗篷来减少坦克的热发射特征和雷达反射特征。

尽管乌克兰政府多次承诺为军队采购 T-84 坦克，但终因预算太少而无法兑现。2002 年至 2003 年，该国政府订购的 10 辆 T-84M 坦克交付，但政府却拿不出全部货款，而其中的 4 辆就在 2003 年被出售给美国。2005 年以后，由于一直拿不到国家和出口的订单，哈尔科夫工厂的经营举步维艰，研发工作也基本停滞。

1990 年至 2000 年 T-80 坦克数量一览 *（单位：辆）											
	1990	1991	1992	1993	1994	1995	1996	1997	1998	1999	2000
苏联	4876	4907	-	-	-	-	-	-	-	-	-
俄罗斯	-	-	3254	3031	3004	3282	3311	3210	3178	3159	3058
乌克兰	-	-	350	350	345	342	322	322	273	273	270
* 乌拉尔山脉以西地区											

T-80 坦克的未来发展

　　20世纪80年代初，苏联就已投入未来坦克的研究，但在苏联解体时尚未完成。在这个过程中，哈尔科夫工厂基于T-74坦克（即"450工程"）进行了许多激进的设计，先后提出了"起义者"（Buntar）、"拳击手"（Bokser）和"大锤"（Molot）三种坦克的设计草案。其中，"大锤"（即"477工程"）坦克配备152毫米2A83火炮和自动装弹器，并采用了加长的车体。这门火炮被装在覆盖了装甲的无人炮塔里，其下方是可容纳两名炮手的炮手舱。"大锤"的最大载弹量为34发，火炮射速最高可达每分钟14发。该型坦克的研发计划被保密多年，尚不清楚其生产和测试情况，但它很有可能成为乌克兰未来主战坦克的基础。列宁格勒基洛夫工厂也曾尝试在"292工程"上应用152毫米火炮，但仍采用常规炮塔。该工厂还和苏联第100号研究所共同研究了采用抬升的炮管的设计，不过这些研究似乎仅停留在纸面上。

　　20世纪90年代初，鄂木斯克运输机械工厂附属的运输机械制造设计局（简写为"KBTM"）规模还很小。但在苏联解体之后，鄂木斯克运输机械工厂成为俄罗斯联邦境内仅存的两家坦克工厂之一，而KBTM也在鲍里斯•M.库拉金（Boris M. Kurakin）的领导下集中资源优势，大幅提高了工程能力。鄂木斯克运输机械工厂重点关注了俄罗斯坦克在车臣战争中暴露出的问题，特别是从苏联时代就存在的自动装弹机容易引发殉爆的问题。为此，该工厂仿效法国的新式"勒克莱尔"（Leclerc）坦克，开发出尾舱式自动装弹机——类似于哈尔科夫工厂"堡垒"坦克的装弹机。除了不容易引发殉爆，这种装弹机还有一个优点是能使用弹芯更长的尾翼稳定脱壳穿甲弹。尾舱式自动装弹机一般会和普通的"科尔日纳"转盘式自动装弹机配合使用，但后者仅装填相对不易炸毁的弹药。这一组合在"640工程"，即"黑鹰"坦克上得到应用。"黑鹰"坦克在T-80U坦克底盘的基础上每侧加装了一个负重轮，从而延长了车体。1997年，该型坦克以实体模型的形式进行了首次展示；1999年6月，其半成品样车在西伯利亚展出。"黑鹰"坦克新设计的炮塔配备了苏联钢铁研究所研制的新一代"仙人掌"（Kaktus）反应装甲。鄂木斯克运输机械工厂在各大贸易展上展示了"黑鹰"坦克的各种防御系统套件，比如"竞技场"系统和"鸫"系统。不过由于鄂木斯克运输机械工厂的财务问题，"黑鹰"坦克最终止步于样车阶段。然而，尾舱式自动装弹机已成为通用升级套件，而且还可能成为未来俄罗斯 T-80 坦克现代化计划的一环。

20 世纪 90 年代末，"黑鹰"坦克，即"640 工程"，是为了挽回 T-80 坦克的口碑所做的一次尝试，但因资金问题而未能投产。该型坦克采用新型通用炮塔，带有尾舱自动装弹机，披挂新式"仙人掌"爆炸反应装甲。这些配置可能会在数年后的 T-80 现代化计划中再现。（斯蒂文·J. 扎洛加）

T-80 的特殊衍生型号

　　1997 年，鄂木斯克运输机械工厂推出了由 T-80U 坦克改装而来的 BREM-80U 装甲救援车。和苏联经典的带简易吊臂的轻型救援车十分不同，BREM-80U 这款装甲救援车更接近于西方的 "豹"（Bergepanzer）式和"勒克莱尔"等重型装甲救援车。该车在左侧装有一具起重量为 18 吨的大型吊臂，在前侧装有与推土铲配合使用的可牵引 35 吨重的物体的绞盘——用于拖行车辆。该车的发动机舱盖上设置的工作平台存放了焊接设备和备用零件。2000 年，哈尔科夫工厂展示了一款与之类似的 BREM-84 装甲救援车。该车在总体配置上与 BREM-80U 十分相似，但搭载了柴油发动机而非涡轮发动机，并且还将吊臂安装在右侧，这和 BREM-80U 的相反。

BREM-80U 是一款基于 T-80U 底盘的专用装甲救援车，于 1997 年首次亮相。

203 毫米 2S7 "芍药" 自行火炮是一款相对罕见的远程火炮武器。这种武器基于列宁格勒基洛夫工厂开发的 "216 工程" 的底盘，主要用于发射战术核弹。（斯蒂文·J. 扎洛加）

152 毫米 2S19 "Msta" 自行火炮采用了 T-80 坦克的行走装置和 T-72 系列坦克的柴油发电机。

S-300V 防空导弹系统以改装自 T-80 的"800 工程"作为载具。照片中,前景为一台以"831 工程"的底盘为基础,搭载两具 9M82 "巨人"(Giant)导弹发射筒的 9A82 "运输－起竖－发射－雷达车"(简写为"TELAR");在它旁边的是以"833 工程"的底盘为基础,搭载 4 具导弹发射筒和 1 部指挥雷达的 9A83-1 车。(斯蒂文·J. 扎洛加)

除了上述直接改造自 T-80 坦克的各种装甲车辆,还有许多装甲战车也用了 T-80 坦克的部件,主要是悬挂系统。比如,以列宁格勒基洛夫工厂开发的"216 工程"作为底盘的 203 毫米 2S7"芍药"(Pion)自行火炮,使用了 T-80 坦克的悬挂部件;以乌拉尔战车工厂设计局开发的"316 工程"作为底盘的 152 毫米 2S19"Msta"自行火炮,使用了 T-80 坦克的行走装置。列宁格勒基洛夫工厂还用 T-80 坦克的部件作为大型履带车的基础,比如北约代号为"SA-12 Gladiator"(Gladiator,意即"角斗士")的 S-300V 防空导弹系统。

彩图介绍

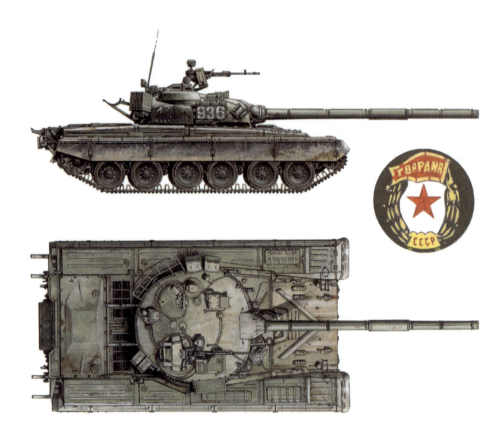

1989 年，T-80B，隶属列宁格勒军区

冷战期间，苏联装甲战车采用的涂装与二战时的 4BO 号深绿色大致相同，但使用的是改进过的涂料。这种涂装在刚涂上时，绿色显得极深。这种绿色的正式名称为"深迷彩绿色"（zashchitniiy zeleno），于 20 世纪 80 年代末至 20 世纪 90 年代初被赋予编号——KhS-5146；在美国，该颜色的编号是 FS34098。这些装甲战车的车身战术标识通常是三位数的战斗编号。苏联陆军有意避免战术标识的标准化，并出于反情报方面的考虑，鼓励不同的装甲师采用不同的编号逻辑。一般来说，三个数字分别表示营、连和单辆坦克，但在替代方案中，第一位数字通常为连队编号，后两位数字为坦克编号。苏联陆军还定期使用徽章作为同一个装甲师中各下属部队的识别标志，但这也不统一。图中这辆 T-80B 坦克隶属荣誉近卫师，在其"露娜"（Luna）红外探照灯前侧印有近卫师的徽章。

1994 年 1 月，T-80BV，隶属苏联驻德国军团

20 世纪 80 年代末，苏联军队也开始流行轮廓破坏型的坦克涂装。采用这种特殊的涂装方案更像是一种演练，以便将其运用于之后撤离德国的苏军坦克。这辆于 1994 年撤出德国的坦克就采用了这种深绿、中灰和中棕三色涂装，其炮塔侧面的爆炸反应装甲外装有一块涂有俄罗斯国旗的金属板，战术编号标于侧裙板而非炮塔之上。

1995 年，车臣，T-80BV，隶属第 81 近卫摩托化步兵团

除了通常的深绿色涂装，这些坦克的车体上没有任何标记或轮廓破坏迷彩。图中这辆 T-80BV 在侧面的"接触 -1"反应装甲上标有两位数的战术编号。

1993 年 10 月 4 日，莫斯科，T-80UD，隶属第 4 近卫坎特米罗夫斯卡亚坦克师

20 世纪 80 年代末，T-80UD 坦克在首次交付第 4 近卫坎特米罗夫斯卡亚坦克师时采用的是标准的三色涂装方案。在长期被用于训练和实战后，这些坦克进行了重新喷涂，采用的是经过简化的深绿色和灰黄色的涂装（如图所示）。传统上，该师以一对橡树叶作为师徽，通常将其标在探照灯灯罩上。图中这辆 T-80UD 曾参加了"十月事件"。

T-80UK，隶属塞浦路斯国民警卫队第 20 装甲旅

20 世纪 80 年代末，苏联坦克的出厂涂装开始采用一种与美国 MERDC 方案非常相似的三色伪装方案，其中包括常见的深绿色、灰黄色以及黑色"乌鸦脚印"式图案。直至 20 世纪 90 年代，这一方案仍被包括鄂木斯克运输机械工厂在内的一些俄罗斯和乌克兰的坦克工厂采用，而且一般会被应用于出口海外的坦克。图中这辆出口到塞浦路斯的、隶属该国国民警卫队的 T-80UK 坦克也采用了上述涂装。该部队会在其坦克上印上自己的战术标识。本图中，炮塔左右两侧的"接触 -5"反应装甲后面的标识牌上分别绘有塞浦路斯和希腊的国旗；位于车体首尾的车牌的左端也绘有希腊国旗，而且车牌号中的希腊字母"E"和"Φ"，是"国民警卫队"的希腊文缩写。一部分坦克在车体首尾还绘有北约标准的桥梁承重黄色标识。

2005 年，T-80UD（"478BE 工程"）或"阿尔扎拉尔"（AL-ZARAR）坦克，隶属巴基斯坦陆军第 1 装甲师第 41 装甲骑兵团

首批交付巴基斯坦的 T-80UD 坦克采用了标准的苏联三色涂装方案，而改装了焊接炮塔的最后一批坦克没有采用黑色的"乌鸦脚印"式色块，采用的是双色涂装方案。乌克兰的一些报道认为这种涂装为深绿色或生菜绿，但根据本图所示，应为灰黄色。巴军坦克的战术标识受到英国做法的影响，在车首斜板处标有四个标识。图中的标识从左到右分别是团徽、桥梁承重标识、营团标识和车辆识别号。有些坦克的炮塔后箱上还标有乌尔都文的战术编号，如图中的"٢٠"（指的是"2"和"0"两个数字）。

2006 年，库宾卡试验场装甲车辆检验中心，T-80U，隶属第 4 近卫坎特米罗夫斯卡亚坦克师

2006 年，一辆参加庆典的 T-80U 坦克采用了图中的涂装方案：坦克侧裙板的前部赫然绘有一只拖着俄罗斯国旗的雄鹰；俄文 "Россия"（意即"俄罗斯"）被喷涂在车体前面靠下的位置和炮塔后侧的渡潜装置上；战术编号 "112" 位于炮塔的存储箱上；由莫斯科州州徽、圣乔治降龙图、军团十字和俄罗斯国旗组成的近卫师徽章被绘在炮塔两侧。

延伸阅读

俄罗斯和乌克兰对 T-80 坦克的开发还在进行。因此，与 T-64 和 T-72 坦克相比，T-80 坦克显得更为神秘，相关著述也不及前两者的来得丰富。列宁格勒基洛夫工厂和苏联第 100 号研究所虽出版了半官方的 T-80 坦克历史，但都不够详细。有关 20 世纪 70 年代苏联坦克发展史的重要文献之一是由切尔尼雪夫（V.L.Chernyshev）编纂的莫洛佐夫的日记。俄罗斯《技术与武器》等杂志中有大量关于 T-80 坦克发展的报道。自 20 世纪 90 年代初以来，本部分的作者（斯蒂文•J. 扎洛加）有机会在各种国际军事展上采访列宁格勒基洛夫工厂、莫洛佐夫设计局、苏联第 100 号研究所、苏联钢铁研究所等单位的工作人员，也能现场观摩各种版本的 T-80 和 T-84 坦克。

n.a., *Tank T-80B: Tekhnicheskoe opisanie i instruktsiya po eksplutatsii*, MO-RF (2001).

Ashisk, M. V. et. al., *Tank brosayushchiy vyzov vremeni: k 25-letiyu tanka T-80*, Kaskad Poligrafiya (2001).

Bachurin, N. et. al., *Osnovnoy boevoy tank T-80*, Gonchar-Poligon (1993).

Baryatinskiy, Mikhail, *Main Battle Tank T-80*, Ian Allan (2007).

Baryatinskiy, Mikhail, *Tanki v Chechne*, Zhelezdorozhno delo (1999).

Hull, A., D. Markov, and S. Zaloga, *Soviet/Russian Armor and Artillery Design Practices: 1945 to the Present*, Darlington (2000).

Karpenko, Aleksandr, *Raketnye Tanki*, Tekhnika Molodezhi (2002).

Karpenko, Aleksandr, *Obozrenie otechestvennoy bronetankovoy tekhniki 1905–1995*, Nevskiy Bastion (1996).

Lenskiy, A. G. and M. M., Tsybin, *Sovetskie sukhoputnye voyska v posledniy god Soyuza SSR*, Kompleks (2001).

Popov, N. S. et. al., *Bez tayn i sekretov-ocherk 60-letney istorii tankovo konstruktorskogo byuro na Kirovskom zavode v Sankt-Peterburge*, Prana (1995).

Saenko, Maksim and V., Chobitok, *Osnovnoy boevoy tank T-64,* Eksprint (2002).

Ustyantsev, Sergey and D. Kolmakov, *Boevye mashiny Uralvagonzavoda: T-72,* Media-Print (2004).

Veretennikov, A. I. et. al., *Kharkovskoe konstruktorskoe byuro po mashinstroyeniyu imeni A.A. Morozova,* IRIS (1998).

Zaloga, Steven, *T-64 and T-80,* Concord (1992).

Zaloga, Steven and David Markov, *T-80U: Russia's Main Battle Tank,* Concord (2000).

M1A2 "艾布拉姆斯" 主战坦克
（1993—2018 年）

第三部分

引言

　　M1"艾布拉姆斯"坦克开发于 20 世纪 70 年代美苏冷战的巅峰时期，至今已服役 40 多年。此坦克已于 20 多年前不再供应美军，但仍进行着一系列改进升级工作。与诸如英国的"挑战者 -2"、德国的"豹 2"、苏 / 俄的 T-72 和 T-90 等许多冷战后期的经典坦克一样，M1"艾布拉姆斯"坦克很可能在未来几十年内还要继续服役。本章节将重点介绍 M1"艾布拉姆斯"坦克在"沙漠风暴行动"之后经历的技术演变。[1]

设计和开发

20 世纪 70 年代初，美国陆军装备了 M60A1 坦克，国民警卫队也装备了少量 M48A3 坦克。两种坦克均由定型于 1945 年的 M26"潘兴"（Pershing）坦克发展而来。美国曾多次试图用全新的设计来取代该系列坦克，但最终都未能成功。最近的一次尝试是 1963 年美德两国联合进行的 MBT-70 通用坦克研发项目。不过，该项目因其单位成本非常高，估计达 85 万美元（1969 财年），只得被迫取消。后来，美国又计划在 MBT-70 的基础上开发减配版的 XM803。尽管单位成本降为 60 万美元，但 XM803 坦克还是太贵太复杂，并于 1971 年 12 月被国会否决。毕竟，该项目正值越南战争期间，美国陆军在预算方面自然捉襟见肘。1972 年 1 月，新型 XM815 主战坦克研究计划启动了。

威廉·德索布里（William Desobry）少将领导的主战坦克特遣部队（MBT Task Force）认为与同时代的苏联坦克相比，M60A1 坦克存在缺陷，因此美国亟须研制新式坦克以抗衡苏坦。M60A1 坦克的问题包括车身体积过大，加速能力和越野行驶速度不理想，动力系统和武器系统可靠性差，没有移动射击能力，对当时的尾翼稳定脱壳穿甲弹的防护性能不足。

1973 年 1 月，美国国防部长办公室批准启动 XM1 研发项目，并在成本控制方面做了严格要求——以每辆 507790 美元（1972 财年）的成本生产 3312 辆。相比之下，一辆 M60A1 坦克当时的成本为 339000 美元。造成二者成本差距的主要原因是 XM1 使用的热成像夜视仪就占其总成本的近四分之一。福特公司、通用汽车公司和克莱斯勒公司受邀参与了项目竞标。最终，福特公司退出竞标，其余两家公司于 1973 年 6 月分别拿到委托合同。

项目中颇具争议的问题之一便是动力装置的选用。20 世纪 60 年代，美军赞助阿芙科莱康明（AVCO-Lycoming）公司开发坦克用 AGT-1500 燃气涡轮发动机。起初，该发动机被考虑用于代替 MBT-70 坦克使用的传统柴油发动机。美国陆军对燃气涡轮发动机的热情，源于这种发动机为军用直升机领域带去的革命性影响。燃气涡轮发动机是喷气发动机的一种，但它是通过传动装置而非喷气效应来输出动力的。与当时尺寸和重量相当的活塞发动机相比，燃气涡轮发动机明显更小更轻，所以应用于直升机时不仅维护需求低，而且可靠性更高。

照片中，这辆原始的克莱斯勒公司产的 XM1 验证车，还未在炮塔上安装"伯灵顿"装甲。和后来的 M1 坦克相比，该验证车还有很多不同之处，比如装填手使用的是 7.62 毫米口径的 M60D 机枪，车长使用的是 12.7 毫米口径的 M85 重机枪。

在坦克上使用燃气涡轮发动机存在明显的困难，特别是这种发动机会消耗大量的油料和空气。相较之下，传统活塞发动机可在坦克停下时转至怠速状态以节省油料，而燃气涡轮发动机只能在接近峰值功率时运行并持续消耗燃料。此外，燃气涡轮发动机的运行需要吸入大量空气，而地面作战环境不比高空，吸入的尘土容易腐蚀发动机部件并导致发动机故障率居高不下。最后，克莱斯勒公司的 XM1 方案使用的是更具争议的涡轮发动机，而通用汽车公司坚持使用的是 AVCR-1360 柴油发动机。这两款发动机的额定功率均为 1500 马力，但实际上，涡轮发动机的有效功率更大，因为其只需分出约 30 马力的功率来冷却发动机，而柴油机需要分出约 160 马力的功率。

XM1 项目考虑过多种主火力配置方案，比如美国的 105 毫米 M68 火炮、英国 110 毫米火炮和德国莱茵金属公司的 120 毫米火炮。除了这些，下一代名

1978 年 2 月，这辆"XM1 全尺寸样车 1 号"在底特律陆军坦克工厂完工。一部分样车和初始批次的 XM1 坦克采用了照片中的 MERDC 四色迷彩。

为 "Swifty" 的 105 毫米制导炮弹、可用来应对轻型装甲战车的同轴 25 毫米 "大毒蛇"（Bushmaster）自动机炮都被考虑过。1975 年，尽管德、英、美三国在经过试验后认为德国 120 毫米火炮的使用前景最佳，但在次年 1 月，美国国防部长办公室还是同意了陆军坚持在初始批次的 XM1 上使用 105 毫米火炮的要求，因为将其用于对付当时的主要对手——苏联 T-62 坦克再适合不过。

XM1 项目对装甲防护性能的要求是能够在 800—1200 米的范围内防御苏联 T-62 坦克的 115 毫米尾翼稳定脱壳穿甲弹，在正面 50 度扇区内防御 127 毫米 AT-3 "赛格"（Sagger）反坦克导弹，以及在乘员舱侧面 45 度扇区内和炮塔侧面全方位防御 RPG-7 火箭筒。而 XM1 项目最初使用的是常规钢装甲。

自 1964 年以来，英国作战车辆研究与开发署（FVRDE）一直向美国通报"伯灵顿"（Burlington）装甲的研究进展。该装甲以钢板为基底，上覆复合结构的混合材料模块。"伯灵顿"装甲在对聚能高爆弹的防御性能方面比钢装甲高出许多，在对尾翼稳定脱壳穿甲弹的防御性能方面也与钢装甲相当。1969 年，英美两国就已开始商议签订关于"伯灵顿"装甲开发使用的谅解备忘录，但将其应用于 XM1 似乎是在 1973 年该项目启动之后。美军采用这种装甲的主要动机是看到 1973 年第四次中东战争中，以色列坦克部队在 RPG-7 反坦克火箭筒和 AT-3"赛格"反坦克导弹的打击下损失惨重。XM1 项目的早期样车披挂了钢装甲，但其炮塔和车体在经过重新设计后可披挂改进后的"伯灵顿"装甲——由英国作战车辆研究与开发署和美国马里兰州的阿伯丁试验场（Aberdeen Proving Ground）的弹道研究实验室共同改进。

除了装甲，XM1 项目还探索了保护乘员安全的其他方法。坦克在战斗中的重大损失主要源自火炮弹药的殉爆。为了将发生殉爆的可能性降至最低，自第二次世界大战以来，坦克设计者们就主张将弹药转移到最不容易被击中的坦克底部。但这样做并不能保证弹药的绝对安全，因为底部还是有可能受到地雷或打入坦克内部的破甲弹碎片的攻击。此外，这也不便于装填手装填炮弹，尤其是考虑到现代坦克弹药的重量和尺寸还在不断增加。因此，美国开始探索将弹药舱移至尾舱的可能性。移至尾舱的弹药舱通过防爆门与战斗舱隔开，并且只在装填手取弹药时才会被短暂打开。万一弹药被点燃，坦克乘员在防爆门的保护下可以争取到足够长的逃生时间。在许多情况下，防爆门能够减轻殉爆对坦克其他部分造成的破坏，甚至阻止殉爆。

1976 年 1 月至 5 月，XM1 项目在阿伯丁试验场接受验证阶段的开发和操作试验。与此同时，美国国防部同意德国提出的两国联合生产新型"豹 2"坦克的请求。1976 年秋，美产"豹 2AV"坦克在阿伯丁试验场接受了试验。"豹 2"坦克具有优越的火控，但在装甲性能、弹药间隔化和炮塔旋转等方面做得较差，而且主要问题还是成本太高。美国食品机械化学公司（简称 FMC）的军械分部与德国克劳斯玛菲（Krauss-Maffei）工厂约定，如果"豹 2AV"坦克被选中，二者将在 FMC 旗下的圣何塞工厂（San Jose Plant）合作生产该型坦克。然而，根据 FMC 应军方要求进行的一项研究显示，"豹 2AV"坦克在生产成本上比 XM1 项目高出 25%，因此只能放弃。不过，两国政府仍愿意共享坦克的部分通用部件，比如美国的 AGT-1500 涡轮发动机和德国的 120 毫米火炮。

第一轮试验后，军方倾向于采用通用汽车公司的设计，但阿芙科莱康明公司的 AGT-1500 燃气涡轮发动机表现出的性能又十分令人满意。于是，军方希望能在通用汽车公司的设计中采用这款发动机。针对 XM1 的火力，美国国防部长办公室坚持要求通用汽车公司和克莱斯勒公司重新设计炮塔，以适配德国 120 毫米火炮。趁此机会，由菲利普·莱特（Phillip Lett）博士领导的克莱斯勒公司设计团队不仅大幅度改动了炮塔以适配"伯灵顿"装甲，还进行了一系列火控方面的升级。与此同时，他们还做了其他改进来压缩坦克的生产成本，因为这也是美国国防部长办公室对项目进行评估的一个重要标准。

1976 年 11 月 12 日，克莱斯勒公司改进后的设计最终被选中，并开始投入"全面工程开发"（FSED）。在整个开发过程中，共有 11 台样车被生产出来，其中的第一台于 1978 年 2 月交付。1976 年 8 月，军方选择利马坦克工厂（Lima Army Tank Plant）和底特律陆军坦克工厂（Detroit Army Tank Plant）作为主要和次要的生产单位。1977 年 7 月，XM1 的目标产量增至 7058 辆。

XM1 样车在试验中的表现非常令人满意。1979 年 5 月 7 日，克莱斯勒公司获得首批 110 辆坦克的"低速初始生产"（LRIP）国家订单，由 1979 财年预算提供资金。1980 年 2 月，利马坦克工厂交付了第一批量产型坦克。该型坦克于 1981 年 2 月被定型为"M1"，并以越战后期陆军参谋长克赖顿·艾布拉姆斯（Creighton Abrams）上将的名字命名。艾布拉姆斯为推动 XM1 项目发挥了重要作用，解决了很多政治和预算上的难题。不过，他在 1974 年就去世了，没能见证该项目的完成。

1982 年 3 月，克莱斯勒公司防务部被国防企业通用动力公司收购，并被重组为通用动力陆地系统部（General Dynamics Land Systems Division）。低速初始生产的坦克被配发给得克萨斯州胡德堡第 5 装甲骑兵团第 2 营，以便进行第三轮也是最后一轮实战测试和多项极端天气测试。1982 年 3 月，底特律陆军坦克工厂交付第一批 M1 坦克。至 1982 年夏，该厂共交付 585 辆坦克并完成了所有试验。这些坦克装备了 5 个坦克营，其中 3 个营在欧洲，2 个营在美国。1985 年 1 月，最后 1 辆基本型 M1 坦克完成交付。

在开发 XM1 的同时，对 M68A1 火炮弹药的改进也在进行。1981 年夏，105 毫米 M774 贫铀弹芯尾翼稳定脱壳穿甲弹被投入使用，之后的改进型 M833

弹于1983年秋被投入使用。1987年春,新式105毫米M815高爆破甲弹也出现了。

1982 年至 1983 年,得克萨斯州胡德堡第 2 装甲师成为第一批装备新型 M1"艾布拉姆斯"坦克的部队之一。(斯蒂文·J. 扎洛加)

M1A1"艾布拉姆斯"主战坦克

在 M1 坦克即将投入生产之际，美国突然意识到配备 125 毫米火炮的 T-64 和 T-72 这两款苏联新式坦克在火力输出方面更为迅猛，而且有人推测这些坦克在装甲防护方面也一定做好了应对美国 105 毫米火炮的准备。1978 年 1 月 31 日，美国陆军下令在 M1 坦克的未来型号上换装德国莱茵金属公司的 120 毫米滑膛炮。这一命令促使 M1E1 坦克 Block1 升级项目于 1979 年 6 月启动。纽约沃特弗利特兵工厂（Watervliet Arsenal）负责生产德国的这款滑膛炮，并且为适应美国的制造技术简化了工序。1980 年 4 月，该工厂交付了第一批 120 毫米 XM256 火炮成品。

升级 M1E1 坦克时，除了新式火炮，其他方面的改进也在进行并被纳入 Block1 项目中。改进的成果包括能防御苏联 125 毫米火炮的新一代特殊装甲、核生化三防系统、用于炎热气候作战的微型冷却背心，以及经过升级的悬挂和传动装置。1981 年 3 月，第一批 M1E1 坦克样车交付。这种特殊装甲的详细信息在撰写本书时仍未解密，但根据后来苏联的一份报告估计，M1A1 和 M1 的装甲防护性能，在针对尾翼稳定脱壳穿甲弹时分别相当于 600 毫米和 470 毫米厚的轧制均质装甲，在针对高爆破甲弹时分别相当于 700 毫米和 650 毫米厚的轧制均质装甲。

通过 Block1 项目的改进，M1E1 坦克已经发展为"进步产物"（Improved Production），而且以当时的技术水平已经能够进行量产。于是，军方决定生产的最后一批 M1 坦克就是 IPM1。截至 1985 年 1 月，共有 2374 辆基本型 M1 坦克被生产出来。IPM1 坦克自 1984 年 10 月开始生产，截至 1985 年 5 月，总共已有 894 辆。除了没有 120 毫米火炮和核生化三防套件，IPM1 的配置包含了 M1E1 在升级时涉及的几乎所有配置。1984 年年初，第一批 IPM1 坦克进入本宁堡（Fort Benning）第 69 装甲师第 2 团 C 营服役。

在 M1E1 上安装车长专用独立热成像瞄准仪也被考虑过。在基本型 M1 坦克上，车长只能通过光学弯管装置来查看由炮手瞄准仪捕捉到的图像，而独立热成像仪允许车长自行搜寻目标。尽管这种做法大获好评，但热成像瞄准仪此时因价格太高而未被 M1E1 采用。不过，为了方便在未来某个时间点可以轻松加装车长专用独立热成像瞄准仪，坦克舱盖便预设了一个圆形开口。

IPM1 保留了 105 毫米火炮，但加入了一些为后来的 M1A1 坦克开发的功能，比如性能更佳的装甲套件。这辆在加利福尼亚州莫哈维沙漠的欧文堡国家训练中心的 IPM1 采用了适应当地的涂装方案。（斯蒂文·J. 扎洛加）

20 世纪 90 年代初，美国开始在 M1A1 坦克的尾舱弹药架上安装外部辅助动力单元。当坦克为节省油料关闭主发动机并进入低功耗静默模式时，该辅助动力单元可为坦克提供一定动力。照片展示了 M1A1 AIM 型坦克上的外部辅助动力单元。（斯蒂文·J. 扎洛加）

照片中的先进技术部件测试台（CATTB）建造于 20 世纪 90 年代初，用于测试"艾布拉姆斯"未来改型可装配的系统，比如 140 毫米 XM291 先进坦克火炮就曾在该测试台上测试过。可以看到，该测试台已将炮塔转到后方以便在铁轨上运输。（斯蒂文·J. 扎洛加）

    M1E1 的另一项改进是升级了辅助动力装置。由于坦克发动机停止运转后，火控系统等电子设备还在持续耗电，蓄电池如不加以补充，很快就会被耗尽。因此，发动机必须处于运行状态才能为蓄电池供电。但与传统柴油动力坦克不同，涡轮动力坦克无论行驶与否，其发动机始终都在接近峰值功率的情况下运行，每小时消耗的油料大约为 10 加仑（约 40 升），单纯为电子设备供电的话性价比极低。为此，M1E1 曾尝试在车体各处加装柴油或汽油动力的辅助动力装置。然而，出于成本等原因，辅助动力装置当时并未成为 M1E1 的标准配置。不过，一旦陷入持久作战，辅助动力装置的作用就会凸显出来。在"沙漠风暴行动"期间，一部分"艾布拉姆斯"坦克就装备了辅助动力装置。

    1984 年 12 月，M1E1 被定型为"120 毫米火炮 M1A1 坦克"。1985 年 8 月，第一批量产型的 M1A1 坦克交付。美国欧洲陆军（US Army Europe）优先购买和装备了新型 M1A1，后于 1988 年开始大量接收该型坦克。同年，美国发明了贫铀装甲并将其应用于 M1A1 坦克，这也是美国坦克装甲研发史上十分重要的一页。贫铀是制造铀燃料过程中产生的铀同位素杂质，辐射小到可以忽略不计。这种材料具有极高

在 M1A1 "艾布拉姆斯" 坦克中，弹药主要存放于两扇滑动式防爆门后的尾舱中。从照片中可以看到，左门处于打开状态，装填手正在装填一发 120 毫米 M865 曳光尾锥稳定脱壳训练弹（TPCSDS-T）——用于在训练期间模拟 M829A1 贫铀尾翼稳定脱壳穿甲弹。

的密度，约为铅的一倍。M1A1 坦克使用的第三代装甲由贫铀合金制成，而采用这种装甲的 M1A1 也被称为 "M1A1 HA"（其中的 HA 为 "重型装甲" 的英文首字母缩写）。除了被用于 1988 年 10 月开始生产的新坦克，这种重型装甲套件也能兼容过往生产的所有 IPM1 和 M1A1 坦克。在 1991 年的伊拉克战争中，参战的 "艾布拉姆斯" 系列坦克主要就是 M1A1 和 M1A1 HA。

美国海军陆战队决定采用 M1A1 作为其下一代主战坦克，但必须对该坦克做一些改进来迎合部队的作战需求，比如配备最重要的深水潜渡套件（DWFK），以便坦克能够通过登陆艇直接登陆。由于这种额外加装的套件不会对坦克的性能产生任何实质性影响且价格也不算贵，美国军方决定将其直接整合到一部分陆军和海军陆战队的坦克上，而由此产生的衍生型号被称为 "M1A1 CT"（CT 为 "通用

这张照片展示了 M1A1"艾布拉姆斯"坦克炮塔内部的右侧空间,由近到远分别是 120 毫米火炮的后膛、正通过炮手主瞄准仪观察目标的车长和炮手。

坦克"的英文首字母缩写)。美国海军陆战队将装有重型装甲的坦克称为"M1A1 HC"(HC 为"重装通用"的英文首字母缩写),并于 1990—1991 财年共采购了 215 辆该型坦克。后来,由于军队调配,这一数量增至 445 辆。

包括被美国陆军采购的大部分 M1A1、由国民警卫队购买的 58 辆 M1A1 以及美国海军陆战队购得的 215 辆 M1A1 CT,这些 M1A1 坦克共计有 4771 辆。一些报告因计入了原型车和测试用样车而导致总数存在出入。1993 年 4 月 28 日,最后 1 辆新生产的 M1A1 坦克完成交付。加上后文所述 62 辆 M1A2 坦克,美国"艾布拉姆斯"系列坦克的总产量达到 8101 辆。截至 2000 年,再加上出口型号,该系列坦克的总产量达到 9748 辆。其中,有 6306 辆是在利马坦克工厂生产的,3442 辆为底特律陆军坦克工厂生产。

美国海军陆战队对坦克深水潜渡功能的需求促成了 M1A1 CT 的诞生，该型坦克是在 M1A1 坦克生产的最后阶段为美国陆军和海军陆战队生产的。（斯蒂文 •J. 扎洛加）

实战检验

1990 年，海湾战争爆发，M1"艾布拉姆斯"坦克首度参加实战。1990 年，抵达沙特阿拉伯的美国第一批 M1 坦克部队隶属第 24 机械化步兵师，而该师当时仍以老款的 M1 和 IPM1 坦克为主。随着爆发地面战役的可能性增加，美国陆军部队尽可能多地装备了 M1A1 坦克，尤其希望装备最新的 M1A1 HA。由于现成的 M1A1 HA 数量不够，美国决定对 M1A1 坦克进行重装甲化升级。此次升级共涉及 835 项改进，包括升级火控系统和核生化三防系统换热器，将涂装更换成CARC 沙漠迷彩等。

截至 1991 年 2 月，美国在沙特阿拉伯共部署了 1966 辆 M1A1 坦克（包括733 辆基础型 M1A1 和 1233 辆 M1A1 HA），另外还有 528 辆未列编的其他型号的坦克。在临近开战前的几个月，M1A1 坦克再次进行升级，比如换上了经过改进的 T-158 履带。

在"沙漠风暴行动"中，美国海军陆战队的坦克营装备了 353 辆坦克。这些坦克主要为旧式的 M60A1 RISE Passive 坦克，共计 277 辆，而第 2 坦克营从陆军那里接收了 60 辆 M1A1 HA，第 4 坦克营的两个连共有 16 辆新型 M1A1 CT。因此，海军陆战队在此次行动中总共部署了 76 辆 M1A1 坦克。

M1A1"艾布拉姆斯"坦克在"沙漠风暴行动"中的表现在鱼鹰社之前出版的书籍中有着更为详细的描述。[2] 总体而言，M1A1"艾布拉姆斯"坦克在各项技术参数上全面压倒伊拉克的 T-72M 坦克，并在实战中几乎不费吹灰之力地重创了伊拉克军队。这种一边倒的局面不光是技术上的差距所导致的，还与操作条件、乘员训练等因素有关。还应该指出的是，伊军使用的 T-72M 坦克为出口版本，在装甲、火控和弹药方面与苏军自用的同系列坦克相比都较差。

美国政府会计办公室（Government Accounting Office）在海湾战争结束后发布了一份评估报告，节选如下：

"艾布拉姆斯"坦克表现出良好的可靠性、火力输出、生存能力和机动性，但最大行程有限……据报道，"艾布拉姆斯"坦克在地面战役期间的战备率达 90% 以上，这表明该型坦克在战斗中移动、射击和通信的可用性极高。"艾布拉姆斯"坦克具备致命的火力输出。乘员们纷纷表示该坦克配备的 120 毫米火炮射击精准，火炮使用的炮弹也能有效打击所有伊拉克坦克，而军事评论家认为这种火炮在实战中表现出的高精准度要归功于性能卓越的瞄准仪、高坦克战备率和训练有素的士兵。"艾布拉姆斯"坦克在战场上的生存率也很高。比如……几名 M1A1 坦克乘员报告称，该型坦克在遭到伊拉克 T-72 坦克的正面攻击时损伤极少……乘员们还表示"艾布拉姆斯"的行驶速度很快，在沙地中的机动性也很好。乘员们一边对涡轮发动机表现出的强劲动力和性能赞赏有加，一边又对其高油耗以及在沙漠中需要经常清理空气滤清器的特性颇有怨言。油耗高导致的燃料补充问题已令人担忧，而油泵故障频发更加剧了这一问题。在恶劣的沙漠环境中作战，坦克需要经常清理空气滤清器，因为当沙土堵塞空气滤清器后，发动机的功率和转速会降低，在极端情况下甚至会损坏发动机。陆军官员已意识到"艾布拉姆斯"坦克存在的这一系列问题，也在研究

1991 年，佐治亚州斯图尔特堡，照片中这辆隶属第 24 机械化步兵师的 M1A1 坦克装配了履带宽排雷犁。（斯蒂文·J.扎洛加）

相应的解决方案。"艾布拉姆斯"的乘员还指出了其他需要改进的问题，比如提高瞄准仪的放大倍数和分辨率，增加敌友识别系统和车身炮塔姿态指示器，分别为驾驶员和车长配备热成像仪等。陆军官员表示正在考虑将这些应用于未来的"艾布拉姆斯"衍生型号上。

战争期间被击毁和损坏的"艾布拉姆斯"坦克共计23辆。在9辆被击毁的坦克中，有7辆是被友军误伤的，2辆是坦克发生故障后为避免被敌人俘获而被乘员摧毁的。

M1A2 坦克

　　"艾布拉姆斯"系列坦克开发的下一个项目是"M1A1E1 Block2"。该项目旨在整合车长专用独立热成像瞄准仪、经过改进的车长武器站、导航系统和数字电子集成信息系统。1989 年 10 月 18 日，即便面临"预算问题"，美国国防部长办公室还是批准了该项目的全面工程开发，并签下包括 10 台原型车和 5 台测试用样车在内的国家订单。起初军方对 M1A2 坦克的需求为 2926 辆。1990 年 4 月，军方决定将原定使用 1991 财年拨款生产的 62 辆 M1A1 坦克都按照 M1A2 的标准进行生产。这一决定于 1992 年 5 月通过国会决议。结果，这些坦克成为美国陆军采购的唯一一批量产型 M1A2 坦克。1994 年 4 月，M1A2 坦克被正式定型。

　　1991 年苏联的解体对美军坦克项目产生了戏剧性影响。1992 年 5 月 20 日，负责采购的国防部副部长唐纳德·约基（Donald Yockey）表示："现在我国的坦克储备非常充足，足以应对任何突发事件。即便真的出现全球性威胁，我们也有足够的时间重建坦克工业基地。因此，我国的坦克生产将按计划停止。"

　　由于这项决定，美国从 1992 财年开始不再为军方提供坦克生产资金，而美军当时获得的最后一批坦克（18 辆）得益于海湾战争补充资金一揽子计划。1995 年，为美国陆军生产的最后一批 M1A2 坦克交付。

　　20 世纪 90 年代初期，"艾布拉姆斯"坦克的发展方向出现了一些混乱。美国国会要求军方将"艾布拉姆斯"坦克从增量生产转变为升级改装，意即让军方将旧式 M1 坦克按 M1A2 的配置进行改装。这一要求旨在保持工业基地的活跃度，以确保在必要时重新启动生产。1991 年，底特律陆军坦克工厂停止了"艾布拉姆斯"系列坦克的生产，利马坦克工厂则继续维持运营。

　　由于短期内不太可能进行新坦克的生产，美国陆军提议启动耗资 590 亿美元的装甲系统现代化（Armored Systems Modernization）项目，旨在开发和生产 7 款使用通用底盘的装甲战车。其中，Block3 坦克、战斗机动车、先进野炮兵系统（Advanced Field Artillery System）和未来步兵战车均使用重型通用底盘，直瞄式反坦克导弹系统和未来装甲弹药补给车使用中型通用底盘，装甲火炮系统则使用轻型底盘。Block3 坦克，非官方的名称为"M1A3"，被期待成为"艾布拉姆斯"系列坦克的升级版本，但配备的是更强大的 140 毫米火炮。

最终，整个装甲系统现代化项目因缺乏资金而终止。

在1992财年，"艾布拉姆斯"项目的内容由"全新生产"转变为"改进升级"。"改进升级"计划被分为GA0700（翻新改装项目）和GA0750（升级项目）两个独立的项目。翻新改装项目涉及全体在役"艾布拉姆斯"坦克，主要内容是将各种新的子系统直接加装到无须进行全面改造的M1A1坦克上。升级项目的重点是对标M1A2的配置，对M1和IPM1坦克进行深度现代化改造，因为这些坦克的105毫米火炮和装甲套件已过时。这两个项目主要是由利马坦克工厂与安尼斯顿陆军基地（Anniston Army Depot）联合实施的。

1990 年至 2000 年 M1A1 坦克翻新改装项目

1989 年，M1A1 坦克的翻新改装项目赶在其停产之前正式开始。翻新改进的第一步是执行以开发新型 120 毫米火炮弹药为主的"火力增强计划"。该计划还涉及 M829A1 尾翼稳定脱壳穿甲弹（因在"沙漠风暴行动"中表现优异而得到"银色子弹"的绰号）和新式 M830A1 多用途高爆破甲弹（HEAT-MP-T）。后者表面上是由 M830 高爆破甲弹改进而来，但实际上采用了全新设计的亚口径弹头和脱壳弹套，并大幅提高了飞行速度。这种弹药还有一个新颖的特点，那就是集成了可选择的反直升机功能，其型号名中的"MP"正是"多用途"的英文缩写。若与直升机交战，装填手可手动激活弹头上的"接近传感器"（Proximity Sensor），而炮弹在被发射出去后不需要直接命中目标，只需在接近目标时就能引爆。这种弹药在 1992 年"沙漠风暴行动"后被定型，到 1994 年已得到广泛部署。

尽管火力增强计划侧重弹药，但该计划也要求对 M1A1 坦克本身进行一系列改进，比如调整火控系统以适应新式弹药的发射弹道，在观瞄系统中添加新的瞄准线等。这种改进是持续进行的并与 20 世纪 90 年代几代新式弹药的问世同步。岩岛兵工厂（Rock Island Arsenal）还升级了首批 1630 辆 M1A1 坦克的炮管，以适应新式弹药更高的膛压。比如在 2004 年，为了能使用最新的 M829A3"超级穿甲弹"（Super Sabot），M1A1 坦克进行了适应性改装。

"沙漠风暴行动"后的重点工作之一是用脉冲喷射清灰系统（Pulse-Jet System）取代之前发动机中的空气滤清器。新系统延长了坦克在沙漠等多尘土环境中作战时气路维护的间隔时间。这项升级自 1995 年开始，到 2008 年已大体完成。

M1A1 坦克的许多改进都用到了不断进步的现代电子设备。1999 年，M1A1 坦克集成了精密轻量级 GPS 系统接收器（Precision Lightweight GPS Receiver）。采用这种设备源于美军在"沙漠风暴行动"中的经验。当时，美军临时使用了手持式 GPS 接收器，而这被证明是车辆导航领域的革命性飞跃。截至 2008 年，约有 1325 辆 M1A1 坦克安装了精密轻量级 GPS 系统接收器。

1992 年，美军启动了 M1A1-D 项目（也被称为"GA0720 数字化项目"），而该项目也是一项名为"21 世纪旅及旅以下战斗指挥系统"（FBCB2）的军队数字化计划的一部分。M1A1-D 项目开发的众多新功能之一是当目标处于乘员的视野范围之外时，集成到坦克计算机中的瞄准装置可提供与目标交战所需的距离和高度等数据。该项目获得了 2001—2002 财年预算，这些资金足够改装 1535 辆 M1A1 坦克。

要解决友军误伤的问题，一是要开发车载敌我识别板，该装置被热成像仪观察到时非常有识别度；二是要利用先进数字化技术手段，比如利用蓝军跟踪系统（BFT）来为坦克车长提供友军的位置等信息。坦克配备精密轻量级 GPS 系统接收器之后，GPS 导航定位数据就可输入旅及旅以下战斗指挥系统的计算机，由此产生的信号将与蓝军跟踪系统地图显示器结合在一起。这样一来，显示器就会显示所有装备蓝军跟踪系统的友军的精确位置。自 2005 年起，蓝军跟踪系统开始装备 M1A1 坦克。2013 年，采用最新现代化接收器的新一代蓝军跟踪系统（BFT-2）面世，进一步提高了位置信息的更新速度和刷新频率。新系统是联合作战指挥平台（JBC-P）的一个组成部分，该平台包括了下一代地图系统、消息传递功能和改进的图形界面，并能够和其他步兵、装甲部队等作战单位联网。

2018 年 2 月 10 日，佐治亚州斯图尔特堡，美国海军陆战队第 2 装甲师第 2 坦克营的这辆装备了履带宽排雷犁的 M1A1 坦克正在进行机动训练。可以看到，这辆坦克有几个新近升级的配置，比如车长用 12.7 毫米口径机枪上的热成像瞄准仪和炮手主瞄准仪旁边的 BFT/GPS 天线。（亚历山大·斯图尔迪凡特）

随着电子设备的增加，坦克对电力的需求也水涨船高。经过多次内部商讨后，美军最终在 1991 年至 1994 年期间为 1500 辆 M1A1 坦克增设了外部辅助动力装置（EAPU），以解决涡轮发动机在低功耗静默模式下的电力供应问题。外部辅助动力装置在油料加满的情况下可供应 10—12 小时的电力。此外，美军原本决定在等到装甲内辅助动力装置（UAAPU）问世后，将其应用在新一代的 M1A2 SEP 坦克（SEP 为"系统改进计划"的英文缩写）上。但国会否决了军方的决定，并且只批准提供短期改装的资金。因此在 1997 年，336 辆 M1A2 坦克加装了外部辅助动力装置。

1998 年，为了加强反现代化火箭炮的能力，美国开始研制适用于 M1A2 坦克的炮塔侧面的装甲套件。2001 年至 2009 年，共计约 325 辆旧的 M1A2 坦克安装了该装甲套件。

2005 年 2 月 11 日，隶属第 1 装甲师第 37 装甲团的一辆 M1A1 AIM 坦克参加了德国的"迎接考验"（Ready Crucible）演习。这辆 M1A1 AIM 坦克展示了自"沙漠风暴行动"以来一直在使用的常规配置：装备了敌我识别板，两侧采用波纹型附加装甲，前侧采用平板装甲。敌我识别板的一侧涂有低发射率热涂层，另一侧涂有常规的绿色或棕色 CARC 迷彩。这辆坦克上的识别板处于关闭状态。这样，CARC 迷彩的一侧就暴露在外，而另一侧在通过热成像瞄准仪观察时会有明显的特征，便于识别。

1999 年，一项用人眼安全激光测距仪（ELRF）取代旧式激光测距仪的项目启动。原因是在和平时期使用旧式激光测距仪进行训练时，为避免损伤乘员眼睛，必须采取严格的安全防护措施。截至 2009 年，约 3200 辆 M1A1 和 M1A2 坦克改用了新的测距仪。

到 20 世纪 90 年代末，部分 M1A1 坦克已达到使用年限，这导致运维成本大幅增加。于是，美军启动了"21 世纪'艾布拉姆斯'系列坦克综合管理项目"（简写为"AIM"）来处理无法用于升级的那部分 M1A1 坦克。这些坦克会在安尼斯顿陆军基地被完全拆卸，然后由通用动力陆地系统部在利马坦克工厂进行大修。2000 年 7 月，第一辆经过 AIM 处理的 M1A1 坦克交付。截至 2004 年，平均每年约有 135 辆 M1A1 坦克会经过 AIM 处理。"AIM 项目"也成为对 M1A1 坦克进行各种改装的代名词。

M1A2 坦克升级计划

由于"艾布拉姆斯"坦克的停产决定，加之大量旧式 M1 和 IPM1 坦克尚有改造的余地，1992 年 12 月 18 日，美国国防部长办公室批准自 1993 年始将 998 辆 M1 坦克升级为 M1A2 坦克。1994 年 10 月，第一辆完成升级的 M1A2 坦克交付。第一批装备这些升级坦克的是得克萨斯州胡德堡第 8 装甲骑兵队第 3 中队。升级后的坦克配备了专用独立热成像瞄准仪、改进车长武器站、导航定位设备、改进装甲等。

在基础升级的同时，美国陆军还针对 M1A2 坦克开始执行系统改进计划（SEP）的第一步，重点是改进车载计算机核心，以实现全军数字一体化。该计划包括改进旅及旅以下战斗指挥系统数字化指挥控制系统，配备第二代"Block0"热成像系统，升级计算机内存，采用全彩地图显示等。"Block0"热成像系统中的 HTI-SGF 前视红外瞄准仪采用新一代技术，能够提供更好的成像质量，并且取代了原有的炮手主瞄准仪和车长独立热成像仪所使用的传感器。1997 年，"Block0"热成像系统以基线配置投产，于 1999 年首次投入使用。

如前文所述，M1A2 坦克的系统改进计划旨在增设装甲内辅助动力装置，而该装置将装在后方发动机舱的左上角，以替代 55 加仑（约 208 升）的燃料。将辅助动力装置内置于 M1A2 SEP 车体中的理由之一是需要为热管理系统（Thermal Management System）腾出空间。M1A2 SEP 坦克使用的英国美捷特防御系统（Meggitt Defense Systems）公司的 3212 型热管理系统，可有效消除炮塔内因大量电子设备工作而产生的多余热量。而该系统最重要的元件是蒸汽压缩机（VCSU），安装在原先安装外部辅助动力装置的炮塔左后侧。不过，装甲内辅助动力装置最后被证明不可靠，并于 2005 年被电池能源的备用辅助动力单元（AAPU）取代。这种装置使用的新型霍克（Hawker）蓄电池属于玻璃纤维吸附式电池（AGM），而非老旧的富液式铅酸电池。①

1999 年 9 月，第一辆 M1A2 SEP 坦克交付。2000 年 5 月，胡德堡第 4 机械化步兵师下属的一个连率先装备了 M1A2 SEP 坦克，之后第 1 装甲骑兵师也装备了该

---

① 译者注：M1A2 SEP 实际上仍使用的是铅酸电池。但与传统电池相比，这种电池使用了薄纯铅板（TPPL）技术，能够在相同的空间内提供更多的电力，而且采用了纯度更高的、可减少腐蚀和水消耗的材料。新型霍克蓄电池是被后来的 M1A2 SEPv2 采用的。

2002 年 5 月，隶属美国第 16 装甲骑兵团第 1 营 G 连的一辆 M1A2 坦克在诺克斯堡装甲部队训练中心进行了展示，其车身采用的是标准的"欧洲 1 号"迷彩。M1A2 坦克的一大特点是位于炮塔左前、装填手战位前的车长专用独立热成像瞄准仪，不过以照片的角度来看不甚明显。这辆坦克已升级至 M1A2 SEP 坦克，配备了热管理系统，并在底盘装甲下加装了辅助动力装置。（斯蒂文·J. 扎洛加）

2017 年 9 月 15 日，在埃及穆罕默德·纳吉布军事基地，隶属美国第 1 装甲骑兵师第 3 战斗部队第 7 团第 2 营的一辆 M1A2 SEP 坦克参加了"明星"（Bright Star）联合演习。该坦克在后挡板中配备了热管理系统，并装备了部分"坦克城市生存套件"，比如装填手战位的防盾。（迈克尔·巴特尔斯）

型坦克。后来，M1A2 SEP 项目通过 GA0730 项目的专项资助拓展了规模——将现有 M1A2 坦克升级为标准 M1A2 SEP。在 2001—2009 财年，共有 319 辆 M1A2 坦克做了这项升级。

2000 年 9 月，美军授权通用电气（General Electric）和霍尼韦尔（Honeywell）两家公司联合开发 LV-100-5 燃气涡轮发动机，即"艾布拉姆斯'十字军'通用发动机"。开发这种发动机是为了用其取代旧式 AGT-1500 发动机，并为新型 XM2001"十字军"155 毫米自行火炮供能。结果在 2002 年 5 月，由于资金和技术方面的问题，"十字军"发动机的研发被取消。取而代之的是，美军启动了"发动机整体振兴"（Total Integrated Engine Revitalization）项目，以期将现役发动机按最新标准进行全面翻新。1997 年，在安卡拉（Ankara）举行的土耳其国际国防工业博览会上，通用动力陆地系统部向土耳其军方展示了换装德国"欧洲动力包"（Euro Power Pack）柴油发动机的 M1A2 坦克。不过，土耳其最终选择了"豹 2"坦克。

"艾布拉姆斯"坦克再获发展

2003 年，美国陆军在役"艾布拉姆斯"坦克约有 2340 辆。其中，约有 1510 辆被部署在本国军队的坦克营和骑兵中队，有 700 多辆作为战备资源被部署在世界其他地方。另外，还有 3000 多辆库存的"艾布拉姆斯"。美国第 1 装甲骑兵师和第 4 装甲步兵师将坦克更换为 M1A2 SEP，第 3 装甲骑兵师换装 M1A1 AIM，第 3 装甲步兵师换装 M1A1。

2003 年 3 月 19 日，美国发动第二次海湾战争。美国地面战场参战部队主要是陆军第 5 军第 3 步兵师。该师在行动开始时拥有 247 辆 M1A1"艾布拉姆斯"坦克，经由科威特向巴格达推进；与此同时，第 1 海军陆战队远征军配合该师从右翼推进，拥有两个共配备 116 辆 M1A1 坦克的坦克营。配备新型 M1A2 SEP 坦克的第 4 步兵师原本打算借道土耳其，开赴伊拉克北部作战，但遭到土耳其政府的拒绝。经过初期行动，该师最终进入伊拉克作战。自"沙漠风暴行动"以来，伊拉克军队并未进行大规模重建，而这次行动也就在 2003 年 5 月初结束了，历时一个半月。行动中，一些"艾布拉姆斯"坦克被损毁，但主要是由步兵反坦克武器而非伊拉克的坦克造成的。

与第一次海湾战争不同的是，此次行动结束后，美国继续占领伊拉克，这导致局势逐渐恶化为持续的内战和叛乱。在此期间，坦克不再作为美军的战斗主力，但仍有一部分"艾布拉姆斯"被留在伊拉克境内。到 2005 年年初，约 80 辆"艾布拉姆斯"坦克因地雷、简易爆炸装置和火箭筒的袭击而损毁，并被送回美国进行修理。截至 2009 年，尚有约 410 辆"艾布拉姆斯"坦克被部署在伊拉克。

为控制局面，美军迫切需要适配 120 毫米火炮的反人员炮弹。于是，通用动力公司开发了 M1028 反人员霰弹。这种炮弹每发内置 1000 枚钨芯弹丸，可在击发时造成大面积散射伤害。除兼容钨芯弹丸外，这种炮弹还兼容橡皮弹丸、高闪眩晕弹丸等致命性较低的弹丸。2004 年 12 月，该炮弹被正式定型。此外，在第二次海湾战争之前开发的 120 毫米 M908 破障弹也在第二次海湾战争中首次亮相，这是一种被专门设计用来攻击掩体或混凝土障碍物的高爆弹。

战斗过程中，"艾布拉姆斯"坦克还进行了许多其他改进。比如，海军陆战队为其开发了尾舱弹药架扩展套件（Bustle Rack Extension）。这种套件在一定程

图中的弹药为 21 世纪初开发的三款 120 毫米坦克弹药，从左至右分别是 M829A3 尾翼稳定脱壳穿甲弹、M830A1 多用途高爆破甲弹和 M1028 反人员霰弹。（斯蒂文·J.扎洛加）

度上是必要的，因为原先的尾舱弹药架逐渐安装了外部辅助动力装置等永久性设备，从而压缩了外部装载空间。

战斗中，美军受到的威胁之一来自一种远程引爆的、通常被叫作"简易爆炸装置"（Improvised Explosive Device）的路边炸弹。这些炸弹的规格各不相同，一般由小型反人员地雷、坦克炮弹甚至航空炸弹改造而来。为了应对简易爆炸装置的威胁，"艾布拉姆斯"坦克做了多项改装。其中之一是开发简易爆炸装置干扰器。许多简易爆炸装置是使用车库门开启器等无线电设备远程引爆的，而这种干扰器能提前引爆敌方的简易爆炸装置，或者干扰无线电信号以阻止爆炸。不过，这种干扰器并非"艾布拉姆斯"坦克独有，而是被广泛应用于军事领域。"艾布拉姆斯"坦克最常用的干扰器是 AN/VLQ-12 Duke 电子战系统。

在这场战争中，最值得一提的非"坦克城市生存套件"（Tank Urban Survivability Kit）莫属。2006 年 8 月，通用动力陆地系统部获得 505 套"坦克城市生存套件"的国家订单。随后几年，美军持续购买该套件。"坦克城市生存套件"可根据需要加装在当时所有的 M1A1 和 M1A2 坦克上。

尽管"艾布拉姆斯"坦克的正面装甲能在很大程度上抵御敌人用 RPG 发射的火箭弹，但其侧面却容易受到攻击。当时，伊朗有一种用爆炸成型穿甲弹（EFP）制成的土制地雷就对"艾布拉姆斯"坦克形成巨大的威胁。为此，"坦克城市生存套件"加入了"艾布拉姆斯"反应装甲。这种装甲包含了位于坦克两侧的共 32 个 XM19 爆炸反应装甲块。更为高级的第二代"坦克城市生存套件"则增加了 XM32 爆炸反应装甲块。其中，有 32 个装甲块覆盖在车体侧面的 XM19 装甲块上，11 个被安装在炮塔侧面。这些装甲块会使坦克的战斗全重增加 3 吨多，因此除非在战区，通常不会被安装在坦克上。为应对地雷威胁，"坦克城市生存套件"还包含了约 2 吨重的安装在乘员舱下方的车体腹部装甲套件。坦克内部的乘员座椅也进行了针对性的改进——通过减震结构来减少简易爆炸装置对乘员的伤害。

"艾布拉姆斯"坦克的装填手在操纵外置的 M240 机枪时很容易受到敌方狙击手的攻击，因此"坦克城市生存套件"还增加了可提供防弹保护的装填手装甲防盾（Loader's Armor Gun Shield）和可提供前方视野的透明防弹火炮护盾。"坦克城市生存套件"还为装填手配备了用于夜视的热武器瞄准仪（Thermal Weapon

Sight）。这种瞄准仪采用头盔式显示器设计，使用起来更为方便。车长战位也加装了螺栓加固装甲套件（Bolt-On Armor Kit）。

由于坦克火炮不太适合在城市作战中对付狙击手，美国就借鉴以色列的做法，给火炮装上反狙击手 / 反物资枪架（Counter-Sniper/Anti Materiel Mount），并在上面架设一挺 12.7 毫米口径的重机枪。

除了上述装置，"坦克城市生存套件"还包含：坦克 - 步兵对讲机，允许随行步兵与坦克乘员随时通信；驾驶员专用的 AN/VAS-5 驾驶员视野增效器，一种可实现全天候观瞄的热成像夜视仪。配备"坦克城市生存套件"的 M1A1 还有车长专用独立热成像瞄准仪，这可使车长在坦克进行夜间城市战且舱门关闭的情况下操纵 12.7 毫米口径机枪。

火力系统的发展

20 世纪 90 年代，美国陆军为提高"艾布拉姆斯"系列坦克的火炮的有效射程，研发了多种 120 毫米制导炮弹。其中的一种为通过主动毫米波雷达进行端制导的 XM943 STAFF 目标激活即发即弃弹。1998 年，该弹的原理验证测试结束，但未取得令人满意的结果。还有一种是可替代 STAFF 弹弹头的 XM1007 TERM-KE 增程动能反坦克导弹，不过在经过数年的研发后最终未能投产。

XM1111 MRM 是为 120 毫米火炮开发远程制导炮弹的一次尝试。照片中，靠下的是完整的弹药，靠上的是移除了保护罩且弹翼展开的弹头。（斯蒂文·J. 扎洛加）

接下来研发的是 XM1111 MRM（MRM 为"中程弹药"的英文首字母缩写），适用于"艾布拉姆斯"的新型号和"未来作战系统"（Future Combat System）。这种 MRM 被设计为超视距弹药，可利用车载创新型 GPS 导航技术来大致瞄准目标区域，弹药上的传感器能够修正弹药的末端飞行路径，以确保击中目标。2008 年 1 月，美军在多家竞标单位中选择了雷神（Raytheon）公司和通用动力公司设计的 MRM，并计划于 2012 年投产。MRM 实际上是一种炮射导弹，初始阶段采用惯性制导，其弹头在飞向目标区域的初始阶段会利用一个惯性测量单元（Inertial

Measurement Unit），随后可选择精确攻击模式。MRM 的弹头在主动模式下会通过红外传感器来定位目标，而在半主动模式下将通过激光导引头接收来自坦克或前方观察员等的激光指示。2007 年 3 月，在尤马试验场（Yuma Proving Ground）的一次测试中，一发 MRM 在 3 英里（约 4.8 千米）的距离上击中一辆 T-72 坦克。然而，由于"未来作战系统"的终止，MRM 的研制计划也于 2010 年被取消。

M1A1 SA "态势感知"坦克

2004 年，美军实施了"重置"（Reset）计划，以应对"艾布拉姆斯"坦克在第二次海湾战争期间消耗加速的问题。成本自然是不得不考虑的一个重要方面，而如何处置 AGT-1500 涡轮发动机是最棘手的一个问题。前文提到的由霍尼韦尔和安尼斯顿陆军基地联手进行的"发动机整体振兴"项目就是为了解决这一问题。

后来，美军又决定对当时的 M1A1 AIM 坦克改装项目进行"再制式化"（RECAP）升级。升级的成果集中体现在 M1A1 SA（SA 为"态势感知"的英文首字母缩写）坦克上，主要有雷神 Block1 第二代热成像系统、蓝军跟踪系统、旅及旅以下战斗指挥系统、人眼安全激光测距仪、车长专用远程热成像瞄准仪、坦克 - 步兵对讲机和远目标定位（Far Target Locate）功能。其中，远目标定位是为满足美国海军陆战队的需求研发出的一项技术——通过整合激光测距仪和坦克定位导航系统数据来计算出 8000 米以外的目标的准确位置，以便直接交战，或者请求炮兵或战机支援。M1A1 SA 坦克还包含了"发动机整体振兴"项目的成果，其正面和侧面装甲都经过升级，后勤和安全性方面也得到小幅度提升。2006年 8 月，通用动力陆地系统部拿到了第一批共 155 辆 M1A1 SA 坦克的国家订单。M1A1 SA 坦克接下来将发展为 M1A1 SA/ED 坦克。2008 年 1 月，这种添加了嵌入式诊断系统的坦克样车在安尼斯顿陆军基地完成测试。次年 3 月，首辆 M1A1 SA/ED 坦克交付。M1A1 SA 坦克自诞生以来分别装备了美国第 1 步兵师、第 2步兵师、陆军国民警卫队，还被出口到科威特和韩国。到 2009 年年底，美国陆军重型作战旅（Army Heavy Brigade Combat Teams）共部署 2505 辆"艾布拉姆斯"系列坦克，包括 958 辆 M1A1 SA 坦克和 1547 辆 M1A2 SEP 坦克。到 2015 年，美国国内现役"艾布拉姆斯"坦克包括 791 辆 M1A1 SA 坦克和 1593 辆 M1A2SEP 坦克。在对 M1A1 SA 坦克进行的"再制式化"升级中，有多项措施也作为系统改进计划（SEP）的一部分应用于 M1A2 坦克。

近年来，现役美国陆军重型作战旅一直在部署 M1A2 SEP 坦克，而国民警卫队装甲作战旅（Armored Brigade Combat Teams）不仅部署了 M1A2 SEP 坦克，还部署了 M1A1 SA 坦克。美国陆军重型作战旅为综合军种编制，拥有 60 辆"艾

照片中，这辆隶属南卡罗来纳州陆军国民警卫队的 M1A1 SA 坦克正在参加 2017 年 5 月 5 日在麦肯泰尔国民警卫队联合基地举行的联合军种演习，坦克上方的武装直升机为 AH-64 "阿帕奇"（Apache）。（塔什拉·普拉瓦托）

布拉姆斯"系列坦克、93 辆"布拉德利"（Bradley）步兵战车和骑兵战车，以及17 门 M109A6"帕拉丁"（Paladin）自行火炮。2009 年，美国共有 31 支重型作战旅，其中包括 19 支现役部队、7 支预备部队、3 支预置部队和 2 支装备保障部队。

M1A2 坦克的升级

2007 年 12 月至 2011 年 12 月,除了"坦克城市生存套件"等项目还在继续,"艾布拉姆斯"系列坦克的现代化改装升级陷入停滞状态。美军为"未来作战系统"项目耗费大量资金是"艾布拉姆斯"系列坦克现代化最关键的障碍,因为他们认为新一代的重型战车会在未来十年内诞生。然而在 2009 年 4 月,美国国防部取消了"未来作战系统"项目,甚至没能等到 XM1202 车载作战系统样车的完成。这就意味着在未来相当长的时间内,M1A2 坦克仍将是美国陆军坦克部队的核心。

M1A2 坦克在下一阶段被升级为 M1A2 SEPv2(SEPv2 意为"第二代系统改进计划")坦克。与前代相比,M1A2 SEPv2 坦克最明显的变化是在车长战位前增设了 M153A1E1"低矮设计通用遥控武器站"(Common Remotely Operated Weapon Station-Low Profile)。这种武器站可使车长在坦克内部进行远程瞄准并操纵 12.7 毫米口径机枪进行射击。2016 年 3 月 21 日,美国陆军司令部司令罗伯特·艾布拉姆斯(Robert Abrams)将军下令立即停止部署 M153A1E1 武器站,原因是该系统无法解决视野和火控方面存在的弊端。最终,M1A2 SEPv2 坦克又在车长战位处配备了原先在外部操纵的 Flex 机枪。不过,已经装备 M153A1E1 武器站的坦克在之后的几年内将保持原样。

与前代相比,M1A2 SEPv2 坦克的大部分变化都发生在内部。[1] 经过升级的火控系统可使用新型 M829A3 尾翼稳定脱壳穿甲弹和 M1028 反人员霰弹。数字化方面的改进包括经过升级的微处理器和计算机内存、新增的新款彩色平板显示器,以及新的通用操作环境(Common Operating Environment)电脑控制系统。炮手主瞄准仪和车长专用独立热成像瞄准仪都升级为 Block1 第二代前视红外瞄准仪。M1A2 SEPv2 坦克采用了"发动机整体振兴"项目的成果,增设了电池功能的辅助动力装置和经过升级的变速箱。

2008 年 2 月,通用动力陆地系统部得到一份将 435 辆 M1A1 坦克升级为 M1A2

---

① 译者注:M1A2 SEPv2坦克的外部也有变化,比如采用了全新的炮塔正面和侧面装甲包以提高防御能力。

SEPv2坦克的国家订单。第1骑兵师第4旅成为第一支装备M1A2 SEPv2坦克的部队，第1装甲师第1旅和第4步兵师在2009年至2010年陆续装备了这批坦克。2011年至2012年，交付的坦克又装备了第2步兵师和第3步兵师。M1A2 SEPv2坦克还配属多支美国陆军国民警卫队，包括第115装甲作战旅（位于密西西比）、第116装甲作战旅（位于爱达荷）和第137联合军种营第2连（位于堪萨斯）。自2017年1月始，M1A2 SEPv2坦克不再供应美国陆军。

第二代"坦克城市生存套件"包括了覆盖在XM19第一代"艾布拉姆斯"爆炸反应装甲块上方的XM32第二代"艾布拉姆斯"爆炸反应装甲块。这张照片拍摄于2017年2月28日德国格拉芬沃尔训练区，照片中的这辆M1A2 SEPv2坦克隶属第4步兵师第3装甲旅战斗队第66装甲团第1营。（格哈德·佐伊费特）

2018 年 4 月 17 日，美国与罗马尼亚在罗马尼亚斯马尔丹训练场举行了双边实弹军事演习。来自堪萨斯州赖利堡的第 1 步兵师第 2 装甲作战旅第 18 步兵团第 1 营 C 连的两辆 M1A2 SEPv2 "艾布拉姆斯" 坦克参加了此次军演。（马修·基勒）

2014 年 5 月 26 日，隶属第 1 骑兵师第 5 团第 2 营的这辆经过第二代系统改进的 M1A2 SEPv2 坦克参加了在德国举行的多国演习。该坦克配备了 CARC Tan 敌我识别板和 I-MILES 激光模拟训练设备。（小约翰·克瑞斯）

2015 年 4 月，第 1 骑兵师第 1 作战旅第 5 团第 2 营 C 连的一辆 M1A2 SEPv2 坦克参加了在德国霍恩费尔斯训练场举办的演习。该坦克配备作战车辆激光 / 战术交战模拟系统（I-MILES CVTESS）的各个组件，包括照片中防盾上的激光发射器和炮塔左后侧的橙色信标。火炮模拟器位于装填手的前方，内含 60 发小型火药成型模拟弹，可在演习中模拟火炮开火。（约翰•法默）

　　2011 年 6 月，美国通过了一系列"工程更改建议"（简写为"ECP"）。其中，ECP1A 项目着重强调改进 M1A2 SEP 坦克的动力，并且涉及单人手持背负式（Handheld Manpack Small）通信系统、新式 1000 安培发电机、新式电源管理分配系统、第三代 CREW/Duke 反遥控简易爆炸装置电子战系统、下一代进化装甲（Next Evolutionary Armor）和能够优化智能弹药的弹药数据链（Ammunition Data Link），还涉及将"现场可更换单元"（Line Replaceable Unit）升级为"现场可更换模块"（Line Replaceable Module）。2012 年 9 月，通用动力陆地系统部获得该项目的开发合同。根据 ECP1A 项目升级的坦克最终被定型为"M1A2 SEPv3"。前 6 辆 M1A2 SEPv3 坦克获得了 2015 财年预算，并于 2017 年 10 月开始在联合系统制造中心（Joint Systems Manufacturing Center，原利马坦克工厂）生产。

　　下一阶段的 ECP2 项目旨在 2020 年左右研发出 M1A2 SEPv4 坦克（SEPv4 意为"第四代系统改进计划"）。该项目改进的系统包括新一代装甲、经过升级的传感器、新型弹药，尤其是为炮手主瞄准仪和车长专用独立瞄准仪开发的第三代热成像系统。该项目也会为 XM1147 先进多用途（Advanced Multipurpose）弹药适配弹药数据链。军方对先进多用途弹药抱有很大的兴趣，因为它可以替代 M830A1 多用途高爆破甲弹、M908 高爆破障弹和 M1028 反人员霰弹等多种现役弹药，实现坦克火炮弹种的高度集成。这种先进多用途弹药因配备可编程引信，可设置立即引爆、延迟引爆和空中引爆三种模式，而且配合弹药数据链的使用，即使炮弹已装填上膛，也可随时重新编程。此外，军方还研发了新式 M829E4 尾翼稳定脱壳穿甲弹，并考虑改进 M1A2 SEPv4 的环境控制系统、激光告警接收器和烟幕发生器。

2017 年 10 月 4 日，在俄亥俄州联合系统制造中心举行的交付仪式上，这辆坦克为交付的首批 M1A2 SEPv3 坦克之一。[①] *和 M1A2 SEPv2 坦克相比，M1A2 SEPv3 坦克的变化主要在内部，而外观几乎没有区别。*

---

① 译者注：这辆老版的 M1A2 SEPv3 坦克为采用 XM360 主炮的轻量化 M1A2 坦克，而实际服役的 M1A2 SEPv3 坦克已发展为更重的 M1A2C 坦克。M1A2C 坦克采用全新的装甲包，还可安装"战利品"主动防御系统。

美国海军陆战队对 M1A1 坦克的改装

前文提到，美国海军陆战队主要是通过补充 M1A1 坦克来更新其坦克战斗力量的，而这些 M1A1 坦克主要是从陆军那里调配来的：2004 年至 2007 年，调配了 144 辆基本型；2007 年至 2008 年，又调配了 80 辆经过"再制式化"升级的坦克。海军陆战队对这些坦克进行了适应性改装，同时又将同等数量的老旧坦克返还给陆军并由安尼斯顿陆军基地和联合系统制造中心对其翻修。

2000 年后，美国海军陆战队坦克改装的重点为"火力增强项目"，目的是提高坦克全天候快速发动远距离攻击的能力。相应的改装套件包括 HTI-SGF 第二代热成像瞄准仪、寻北远距离目标定位系统、人眼安全激光测距仪以及 12.7 毫米口径机枪的热成像瞄准仪。该项目的开发于 2004 年 11 月结束，改装于 2010 年年

美国海军陆战队 M1A1 坦克的升级步调与陆军的有所不同。该照片拍摄于 2017 年 7 月 31 日密歇根州格雷林营联合机动训练中心，这辆隶属海军陆战队第 4 师第 4 坦克营 E 连的 M1A1 坦克配备了 8 门 M257 榴弹发射器和 12.7 毫米口径重机枪的热成像瞄准仪，靠近炮手主瞄准仪的棕褐色盒子是蓝军跟踪器和 GPS 导航定位系统的天线。（密歇根国民警卫队萨凡纳·朗技术军士）

初结束，共计有 386 辆 M1A1 坦克完成改装。在这期间的 2009 年，美国海军陆战队还为 M1A1 坦克安装了外部辅助动力装置。在吸取第二次海湾战争的经验教训后，美国海军陆战队又启动了"生存能力和杀伤力增强项目"，为 160 辆 M1A1 坦克加装了底盘装甲套件并改进了驾驶员战位。后续进行的改进包括升级"艾布拉姆斯"悬挂，增强情境感知（Situational Awareness），增加射向自动指引（Slew-to-Cue）功能等。具备射向自动指引功能后，坦克车长只需按动按钮，火炮就能根据稳定式车长武器站（SCWS）瞄准仪的方位角和仰角进行自动调整。2015 年，美国海军陆战队开始为坦克配备"艾布拉姆斯"综合显示和瞄准系统（AIDATS），这显著提高了车长显示屏的显示精度。2018 年，该部队又用"改进侧面装甲"（Improved Side Armor）套件对 M1A1 坦克进行了升级。

美国海军陆战队预计会在未来无限期使用 M1A1 坦克，因此一直没有停止对该坦克的改装。需要注意的是，海军陆战队并没有对其改装的坦克一一定型。不过，美国陆军有时会将这些坦克称为"M1A1 MC"（MC，即"海军陆战队"的英文缩写），以示区分。

"艾布拉姆斯"主动防御系统

近几十年来，美军一直在研究各类硬杀伤和软杀伤主动防御系统，以保护坦克免受火箭炮和反坦克导弹的攻击。所谓的软杀伤指的是通过红外干扰等手段来欺骗来袭反坦克导弹的制导系统。美国在"沙漠风暴行动"期间共采购了3500多套VLQ-6和VLQ-8导弹反制装置（Missile Countermeasures Devices）来装备部分M1A1坦克，这种装置能够对苏联反坦克导弹与其发射器之间的光学指令链路进行红外干扰。所谓硬杀伤则是用拦截弹药迎击来袭的火箭炮或导弹，而硬杀伤主动防御系统就包括了雷神公司开发但目前尚未投产的SLID制导弹药。

美军开发的导弹反制装置属于一种利用光电干扰来对抗反坦克导弹的软杀伤系统。照片中，这台装置为M1A1坦克上的AN/VLQ-6导弹反制装置，由劳拉（Loral）公司生产。在"沙漠风暴行动"开始之前，一部分坦克装备了类似的桑德斯（Sanders）公司产的AN/VLQ-8A导弹反制装置。这种装置通常被安装在装弹机前侧的圆板上。（斯蒂文·J.扎洛加）

166

这是一台配备"战利品 HV"主动防御系统的 M1A2 SEPv2 测试样车。可以看到，EL/M 2133 主动防护雷达的八角形天线位于车体侧面，复式爆炸成型穿甲弹发射器位于天线上方稍微靠后的位置。

雷神公司接受了美军的资助，开发了作为"未来作战系统"项目一部分的"速杀"（Quick Kill）主动防御系统。2009 年，"未来作战系统"项目被取消，但"速杀"系统仍在继续以便努力研发出潜在的替代品，而昙花一现的"地面作战系统"就是其产物之一。美国也考虑过国外的主动防御系统，比如以色列拉斐尔（Rafael）公司开发的"战利品"（Trophy）系统。2006 年，美军决定不采纳"战利品"，转而支持继续开发"速杀"系统。"战利品"系统于 2009 年开始装备以色列国防军的"梅卡瓦"（Merkava）坦克，后于 2011 年 3 月首次投入使用。有记录显示，当时装备该系统的"梅卡瓦 4"坦克成功拦截了一枚从加沙发射出的反坦克导弹。美国国会不满意"速杀"系统缓慢的开发进度，决定先使用 2017 财年预算进口一批"战利品"系统并将其装备 M1A2 SEPv2 坦克，之后再用 2018 财年预算继续资助新的模块化主动防御系统项目的开发。

"战利品"系统包括一组安装在炮塔上的埃尔塔（Elta）公司产的 EL/M 2133

主动防护雷达，这种雷达能够实时探测来袭弹药。在探测到来袭弹药后，车载计算机会计算出拦截参数并向机组人员发出告警，然后自动发射由数十枚金属弹丸组成的复式爆炸成型穿甲弹（MEFP）来实施拦截。一般情况下，交战的安全距离为 10—30 米。后来，圣路易斯的莱昂纳多 DRS（Leonardo DRS）公司与拉斐尔公司合作开发了"战利品 HV"系统，并于 2017 年 9 月取得生产 261 套该系统套件的国家订单。这些系统被美国陆军用于改装 M1A2 SEPv2 坦克。美国海军陆战队也表示考虑为其坦克装备该系统。

"艾布拉姆斯"坦克的衍生型号

过去几十年来，多种以 M1 坦克底盘为基础的装甲工程车被开发出来。通用动力公司就自掏腰包开发了"艾布拉姆斯"装甲救援车。不过，美国陆军更倾向于使用成本较低的 M88A2"大力神"（Hercules）装甲救援车。

突击桥

最早由 M1 坦克底盘改装而成的装甲工程车是重型突击桥，这就是 1984 年鲍恩 - 麦克劳林 - 约克（简称 BMY）公司开发的"剪"式桥架桥车。但美国陆军对其性能表现并不满意，并且于 1983 年就开始资助通用动力陆地系统部开发兼容德国"鬣蜥"（Leguan）桥梁系统（长 26 米，MLC70 级）的替代品。然而，该项目因资金削减而于 1990 年 12 月被取消。一年后，美国吸取了海湾战争的教训——原先由旧式 M60 坦克改装的装甲架桥车显然远不能满足作战需要——又重启了该项目。项目的最终成果便是 M104"狼獾"（Wolverine）重型突击桥。该车以 M1A2 SEP 坦克底盘为基础，配备了"鬣蜥"桥梁系统。根据最初的计划，自

M104"狼獾"重型突击桥是"艾布拉姆斯"的衍生型号之一。该车以 M1A2 SEP 坦克底盘为基础，配备了德国"鬣蜥"桥梁系统。尽管该车已被定型，但其生产因美国军费的削减而被提前终止。

1996 年始，该车将生产 465 辆。但由于高达 26 亿美元的总金额实在不切实际，生产数量被削减到仅 20 辆，并由 1996—1999 财年预算提供资金。2000 年，第一辆成品车被交付给第 4 步兵师。

　　美国海军陆战队对由 M1 坦克底盘改装的突击桥也抱有兴趣，并着手启动"联合突击桥"（Joint Assault Bridge）项目。2010 年，美国陆军意识到其旧式装甲架桥车已到退役年限，便从海军陆战队那里接过联合突击桥项目的控制权，并于次年重启了该项目。2012 年，莱昂纳多 DRS 公司拿到装甲架桥车架设"剪"式桥梁的工程开发合同。根据该合同，架设的桥梁将在安尼斯顿陆军基地升级至 MLC85 级的标准，再与经过改进的 M1A2 SEP 坦克底盘组合，而初始资金来自 2016 财年预算。莱昂纳多 DRS 公司于 2016 年 5 月拿到 273 辆联合突击桥的生产合同，并于 2018 年首次交付。

联合突击桥由旧式装甲架桥车使用的"剪"式桥与经过改进的 M1A2 SEP 坦克底盘组合而成。

战斗破障车

美国在吸取了"沙漠风暴行动"的经验教训后得出结论：陆军工兵部队需要配备一款工程车来协助机动部队快速突破雷区、布满瓦砾的地区和其他障碍。于是，M1"灰熊"（Grizzly）破障车研发项目在1992年启动了。BMY公司承办了该项目，并于1995年夏末交付样车。该车在右侧装有一具大型液压动力臂，而动力臂在配备容量为1.2立方米的挖斗后可延长至9米。该车还在前侧配备了4.2米全宽式排雷铲。动力臂既能够用来扫清废墟等障碍物，还能够用于填平反坦克壕沟等。排雷铲能够将地雷平稳地推向一边，以开辟安全的道路。美国陆军原计划采购366辆"灰熊"破障车，并于2004年装备军队——每个军团级别的工兵旅将配备36辆"灰熊"破障车和36辆"狼獾"突击桥。但由于"灰熊"破障车成本过高，采购计划在1999年12月27日被取消。

这台 M1"灰熊"破障车的试验样车在车体右侧配备了一具挖掘动力臂。尽管测试结果表明该车设计优秀，但该车终因预算不足而被取消。

"黑豹2"遥控排雷车可根据需要在车前安装排雷滚筒或排雷耙。出于试验目的，该车还在车尾加装了后拖式滚筒套件，以排除前置排雷滚筒漏排的地雷。

1995 年，美国在波斯尼亚执行维和行动期间，为更好地解除地雷威胁，将多余的 M60A1 坦克底盘和排雷滚筒组装起来，开发出"黑豹"（Panther）排雷车。1996 年至 1997 年，这款排雷车在波斯尼亚生产了 7 辆，并成功装备了第 16 工兵营和第 23 工兵营。不过，由于 M60A1 的备件存量较少，后来的"黑豹"排雷车就改用了 IPM1 坦克的底盘。这种无炮塔的车辆就是"黑豹 2"遥控排雷车，可由两名乘员手动操作，也可通过安装在随行的高机动性多用途轮式车辆（俗称"悍马"）上的 Omnitech 标准化遥控系统进行远程控制。这种车辆只生产了 6 辆，但实际上并未被官方定型。其中的 2 辆于 2007 年随第 9 工兵营被部署到伊拉克的提克里特（Tikrit）地区。

2002 年问世的 M1150 突击破障车是美国海军陆战队在吸取了"沙漠风暴行动"的经验教训后研发的又一款装甲工程车，该车能快速突破雷区。该车由五角大楼的"国外比较测试"（Foreign Comparative Testing）预算提供资金，而专用工程设备大多来自英国皮尔逊工程（Pearson Engineering）公司。该车以 M1A1 坦克底盘为基础，改装工作在安尼斯顿陆军基地进行。

与 M1"灰熊"破障车相比，M1150 突击破障车主要依靠线性爆破装药系统（Linear Demolition Charge System）进行破障，而该系统由以 MK22 Mod4 火箭为推进动力的 M58A3 线性爆破绳（Linear Demolition Charge）构成。这种线性爆破绳长 106.68 米，含有 1750 磅（约 0.79 吨）重的 C-4 炸药。不进行作业时，两条线性爆破绳就盘绕在炮塔尾舱中；作业时，线性爆破绳会被火箭从发射架上拉出，并在展开后落至雷区，再通过遥控方式引爆，进而引爆雷区的地雷。安装在车体后板处的车道标识系统会自动标识车后已完成清障的安全通路。此外，M1150 突击破障车配备的模块化破障系统包括了全宽式排雷犁和推土铲。该车共生产了 5 台试验样车，并于 2007 年 2 月完成运行试验。2007 年 11 月，该车获批，全面投产。海军陆战队于同年开始采购的 55 辆 M1150 突击破障车，在 2008 年 11 月首次交付。

2008 年，美国陆军也决定启用 M1150 突击破障车，并通过 2018 财年预算采购了 120 辆。M1150 突击破障车的首次实战发生在 2009 年 2 月的阿富汗。当时，美国海军陆战队在"眼镜蛇之怒行动"（Operation Cobra's Anger）中突袭了赫尔曼德省诺扎德附近的塔利班据点。事实证明，M1150 突击破障车非常适合用来快速突破简易爆炸装置泛滥的地区。这种车还有个非官方的绰号——"破坏者"（Shredder）。

2015 年 9 月 17 日，在北卡罗来纳州勒琼营进行的一次破障演习中，第 2 战斗工兵营机动突击连的一辆 M1150 突击破障车使用了推土铲。该车的线性爆破发射器的盖子处于打开状态。（保罗·马丁内斯）

在韩国罗德里格斯实弹发射场，隶属第 1 骑兵师第 2 装甲旅战斗队第 8 旅工兵营的一辆 M1150 突击破障车正在发射 MK22 Mod4 火箭以拖拽 M58A3 线性爆破绳。（帕特里克·埃金）

2015 年 2 月 6 日，在加利福尼亚州第 29 棕榈海军陆战队空地作战中心进行的一次演习中，隶属美国海军陆战队的一辆突击破障车引爆了 M58A3 线性爆破绳。（艾米·皮卡德）

"艾布拉姆斯"系列坦克的出口情况

澳大利亚

2004年3月，为取代现役的"豹AS1"坦克，澳大利亚在先后考虑了"豹2"坦克和"挑战者-2"坦克后，最终决定引进M1A1坦克并将其作为其下一代主战坦克。该国共采购了59辆M1A1坦克。这些坦克于2005年至2006年期间完成交付，于2007年首次部署。这些坦克都接受了AIM项目的现代化改造并被升级为M1A1 SA坦克。此外，该国为服役的"艾布拉姆斯"坦克进口了配套的"坦克城市生存套件"，并且可能会实施更多的升级计划和采购更多的坦克。

2015年7月14日，在澳大利亚昆士兰州浅水湾训练区举行的演习中，一辆澳大利亚M1A1 SA坦克穿梭于彩色烟幕中。这张照片拍出了超现实主义的风格。（乔丹·塔尔博特）

埃及

　　20 世纪 80 年代，埃及的阿卜杜·哈利姆·阿布·加扎拉（Abd al-Halim Abu Ghazala）元帅曾建议本国通过合作生产而非直接购买的方式获得 M1A1 坦克，这样不仅能降低总成本，还有助于增强国防工业实力。1984 年，该国在开罗附近建立了"200 号军工厂"，以专门生产 M1A1 坦克。按计划，最初的 25 辆先在美国生产，然后慢慢把生产重心转到埃及本国，直到 530 辆坦克全部完工。这些坦克加装的套件由通用动力陆地系统部提供，但随着埃及本国工厂积累了经验，坦克也进行了很多本土化改进。1992 年至 1993 年，埃及完成了第一批共 75 辆 M1A1 坦克的生产。

2017 年 9 月，穆罕默德·纳吉布军事基地，这辆隶属埃及陆军的 M1A1 坦克正在参加联合演习。（迈克尔·巴特尔斯）

　　1993 年，由于技术转让成本过高，埃及与美国的合作生产遇到了重大障碍。根据 1993 年美国政府会计办公室提供的一份报告，与直接购买 M1A1 坦克相比，合作生产将使总成本从 19 亿美元增至 27 亿美元。不过，埃及政府认为合作生产带来的好处要多过增加的成本，因此决定维持原定计划。1998 年 12 月，第一批的 555 辆 M1A1 坦克交付。

1999 年 3 月，美埃两国政府同意再合作生产 100 辆 M1A1 坦克，这就使埃及的 M1A1 坦克达到 655 辆。此后，两国的合作生产仍在持续。埃及的 M1A1 坦克在 2001 年 8 月为 755 辆，在 2003 年 10 月增至 880 辆，到 2007 年 8 月已增至 1005 辆。2011 年 7 月，两国政府原定将坦克总数增至 1130 辆，但因政治分歧，协议时限被推迟到 2015 年。

伊拉克

2008 年 12 月，美国政府同意向伊拉克出售 140 辆 M1A1 AIM 坦克，作为战后重建计划的一部分。2009 年 3 月，通用动力陆地系统部拿下这批坦克的生产合同。2011 年 9 月，这批坦克完成交付并被配属给伊拉克第 9 机械化师下属的 4 个坦克团。

2011 年 9 月 27 日，在博斯玛亚战斗训练中心，隶属伊拉克第 9 军第 34 旅第 2 团第 1 连的一辆 M1A1 SA 坦克正在实施炮击。

除了配备 35 辆 M1A1 坦克，每个坦克团还配备 2 辆 M88A2 救援车。

科威特

　　1990 年至 1991 年的海湾战争结束后，科威特决定引进 219 辆 M1A2 坦克以取代 M-84 坦克（即南斯拉夫生产的 T-72 坦克）。首批的 16 辆于 1995 年交付，剩余部分于 1996 年交付。科威特引进的这批 M1A2 坦克新增了一些独特的功能，比如 AN/VAS-3 驾驶员用热成像瞄准仪。2016 年 12 月，美科两国达成协议，由安尼斯顿陆军基地和利马坦克工厂对科威特坦克部队实施"再制式化"升级，以使其达到 M1A2 SEPv2 坦克的标准。升级过程中，科威特要求配备一些特殊的功能。所以，科威特的这些坦克有时也被称为"M1A2K"。

2018 年 2 月 21 日，在乌达里营（Camp Udari），隶属科威特陆军的一辆 M1A1 坦克正在进行实弹演示。位于照片前景中的是科威特 BMP-3 步兵战车战斗群。（阿德里安娜·迪亚兹·布朗）

摩洛哥

2011年6月,摩洛哥与美国达成200辆M1A1坦克的采购协议。2015年8月,通用动力陆地系统部获得首批50辆M1A1 SA坦克的生产合同,并于2016年向摩洛哥交付了22辆。

沙特阿拉伯

1992年,沙特阿拉伯选择M1A2"艾布拉姆斯"坦克作为其下一代主战坦克。该国总共采购了465辆该型坦克。其中,初始批次为315辆,后续批次估计为150辆。1994年,第一批坦克完成交付。2006年7月,美沙两国达成协议,将315辆沙特M1A2坦克按照沙特制定的配置升级为M1A2S坦克,而且沙特还添购了59辆M1A1 AIM坦克。M1A2S坦克也是安尼斯顿陆军基地和利马坦克工厂"再制式

2013年2月,阿拉伯联合酋长国国际防务展展出了一辆沙特M1A2S坦克。(斯蒂文·J.扎洛加)

化"升级的成果之一。2016 年,沙特 M1A2 坦克部队首次在也门与胡塞武装组织作战。有媒体报道称,多达 20 辆沙特 M1A2 坦克在战斗中被击毁。2016 年 8 月,美沙两国又签订了 153 辆 M1A2S 坦克的采购协议,这些坦克可能会配备 M1A2 SEPv3 的标准配置。

彩图介绍

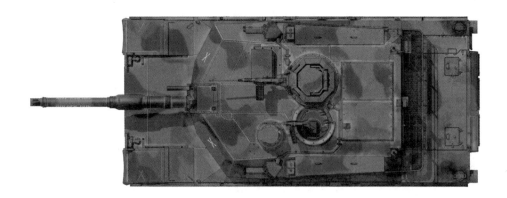

2002 年，肯塔基州诺克斯堡装甲部队训练中心，M1A2 坦克，隶属美国第 16 装甲骑兵团第 1 营 G 连

当 M1"艾布拉姆斯"主战坦克投产时，美国坦克的涂装正从 MERDC 四色迷彩方案过渡到北约的三色方案（被美军称为"欧洲 1 号"）。在美国陆军采用这种必要的涂装之前，坦克整体上涂的是森林绿色（联邦标准色号为 34079）。1987 年，"欧洲 1 号"开始应用于 M1A1 和 M1A2 坦克（如图所示）。该方案使用的三种颜色分别是 383 号绿色、383 号棕色和黑色，对应的联邦标准色号分别为 34094、30051 和 37030。1983 年 5 月，耐化学试剂涂料问世，坦克涂装也随之改换。这种涂料能为军用车辆提供视觉伪装并干扰红外探测，还能够抵御化学战剂和去污材料的腐蚀。这种涂装在工厂内完成，通过喷枪喷涂的色块边缘略呈羽状。

2003 年 3 月，M1A1 AIM 坦克，隶属美国第 3 机械化步兵师第 2 旅第 64 装甲团第 1 营级特遣队 A 连 3 排

图中的坦克使用了 CARC 迷彩的 686A 号茶色。这种颜色对应的联邦标准色号为 33446 号。

第 3 机械化步兵师使用一套复杂的标识系统来区别各次级单位。第 64 装甲团第 1 营级特遣队使用 "5" 开头的两位数来标识。其中，"50" 代表司令部连，"51" 代表 A 连，"52" 代表 B 连，"53" 代表 C 连。这些数字被喷涂于 "V" 形条纹的中心部位，而条纹的尖头以不同的指向代表不同的排：朝上代表第 1 排，朝右和朝下则分别代表第 2 排和第 3 排。这种标识被分别喷涂于侧裙板、炮塔前的敌我识别板和尾舱弹药架扩展套件左侧的 "战斗面板"（Battle-board）上。

这个师的标识系统还包含第 64 装甲团特有的标别，即 "V" 形条纹的中心有一排代表排的小方块。而 "V" 形条纹的尖头以不同的指向代表不同的坦克连：朝上、朝下、朝左和朝右分别代表 A 连、B 连、C 连和 D 连。炮管上不同颜色的环形彩带代表不同的排：红色代表第 1 排，白色代表第 2 排，蓝色代表第 3 排。环形彩带的数量代表坦克在排内的编号。也就是说，三条蓝色环形彩带代表的是第 3 排第 3 号坦克。坦克的名字也被喷涂在炮管上，而且按照传统，首字母应该是坦克所属连的编号，比如 "ATTITUDE ADJUSTMENT"，其首字母 "A" 就代表 A 连。

通用保险杠编号在车体前后都有喷涂。比如，"TF 1-64^" 字样代表第 64 装甲团第 1 营级特遣队，"A-33" 代表 A 连 3 排第 3 号坦克。另外，车体前后还印有大号字体的运输编号。

美国陆军应欧洲盟友的要求，逐步将战车的涂装恢复为 CARC 的 383 号绿色。包括 M1150 突击破障车在内的
一些新式战车早在 2013 年就开始以绿色涂装交付，但由于欧洲军演自 2017 年始愈发频繁，这一进程也加速了。
有趣的是，一些抵达德国的美军战车被重新涂上了德国联邦国防军的绿色涂装，尽管这种涂装至少在理论层面上
是非常接近美国陆军的绿色涂装的。

2017 年 12 月，美国第 1 步兵师的部分部队被部署到罗马尼亚并参加了当地的联合演习。隶属该师第 18 步兵
团第 1 营的这辆 M1A2 SEPv2 坦克被大体涂上了绿色涂装，但有少数地方没有涂——低矮设计通用遥控武器站
和专用独立热成像瞄准仪等都显示出坦克原本的 CARC 茶色涂装。炮管上方的绿漆剥落，正表明这种涂装是临
时性的。另外，第 1 步兵师使用了一套复杂的标识系统来区分各级部队，比如图中这辆坦克的标识表明其属于第
18 步兵团第 1 营 C 连。

*2018 年 4 月，德国格芬乌尔训练场举行"联合决心 10"演习期间，M1A2 SEPv2 坦克，隶属第 1 步兵师第
2 装甲战斗旅第 63 装甲团第 1 营 A 连*
如图所示，当第 63 装甲团第 1 营在一年后被派往德国参加春季演习时，该营的坦克已经被彻底涂成 CARC 绿色。
该营借用了师级战术标识体系，比起其他营的标识，其线条也显得更粗，如图中这辆隶属该营 A 连 1 排的坦克上
的标识。

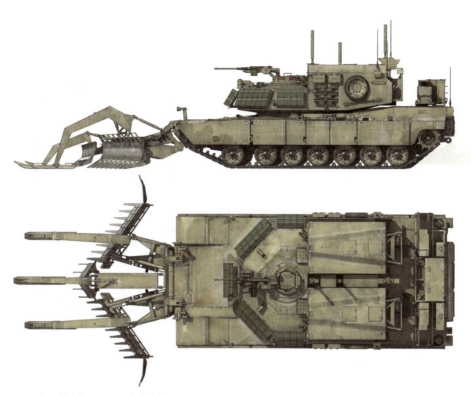

2015 年，勒琼营，M1150 突击破障车，隶属美国海军陆战队第 2 战斗工兵营机动突击连

图中的装甲战车隶属美国海军陆战队，其涂装仍为 CARC 迷彩的 686A 号茶色。在这些战车的车身上，标识很少，往往只有注册号和小型模印安全标识。

2011 年，澳大利亚昆士兰肖尔沃特，澳大利亚 M1A1 SA 坦克，隶属澳大利亚第 1 装甲团 B 中队

澳大利亚 M1A1 SA 坦克采用了裂片迷彩涂装（AUSCAM），即橄榄棕色、茶色和黑色组成的哑光三色方案。这种涂装通常遵循某种标准，但不同坦克的涂装会存在一些差别，特别是在被重新喷涂后。可以看到，坦克炮塔的侧面印有作为该国家标志的红色袋鼠图案。车体上还标有车辆注册号，图中这辆坦克的注册号为"207048"。坦克的名字也会标在车体侧面，图中坦克的名字是"BRIANNA"，而且名字的首字母通常是坦克所属中队的番号。坦克的编号模印在一块可拆除的金属板上，并且也采用了所属中队的番号。该编号印在茶色或橄榄棕色底漆上时为黑色，印在黑色底漆上时为茶色。

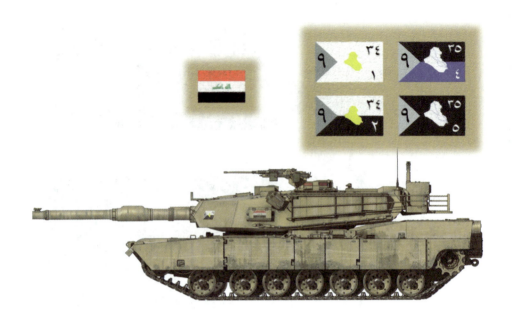

2014 年，摩苏尔，伊拉克 M1A1 SA 坦克，隶属第 9 装甲师

伊拉克的 M1A1 SA 坦克在交付时采用了常见的 CARC 茶色涂装方案。这些坦克大多被配属给了第 9 装甲师。这些坦克最初被配发给第 36 团的两个营，但之后进行了重新分配。2014 年，第 9 装甲师已拥有 4 个 M1A1 坦克营，分别是第 34 团的第 1 营和第 2 营、第 35 团的第 4 营和第 5 营。从右上方的小图中可见，团徽依循了第 9 装甲师师旗图案的设计，在灰色三角形部分印有黑色数字"9"。团徽的其余部分被分为上下两部分，并分别印有团的番号（右上部分）和营的番号（右下部分），而且第 34 团第 1 营的团徽（左上）的这两部分都为白色，第 34 团第 2 营的（左下）为上白下黑，第 35 团第 4 营的（右上）为上黑下蓝，第 35 团第 5 营的（右下）都为黑色。伊拉克陆军军旗（上方中央小图）印于炮塔两侧的烟幕弹箱上。图片中，中间的坦克侧视图和左下方的前视图展示的是第 9 装甲第 34 团第 2 营的坦克，右下方的前视图展示的是该师第 35 团第 4 营的坦克。

延伸阅读

几本有关 M1 "艾布拉姆斯" 坦克发展史的图书在坦克问世之初就已出版。其中比较有名的是亨尼卡特（R.P.Hunnicutt）撰写的《美国重型坦克史》（*Firepower: A History of the American Heavy Tank*）和布鲁斯·纽瑟姆（Bruce Newsome）撰写的《M1 "艾布拉姆斯" 主战坦克工作手册》（*M1 Abrams Main Battle Tank Manual*）。此后的大多数相关书籍都是针对模型爱好者的图册。

本章内容详细参考了美国政府官方的报告和文件。M1A1 和 M1A2 坦克改装和升级项目的细节主要来自美国国防部总统年度预算请求的 "项目要素描述"（Program Element Descriptor）文件，包括《美国陆军轮式和履带式战斗车辆采购》（*US Army Procurement of Wheeled and Tracked Combat Vehicles*）以及美国海军陆战队的一些文书资料。关于服役日期和部署的细节主要来自定期出版的《美国陆军武器系统手册》（*US Army Weapons Systems Handbook*）。本章还参考了美国陆军坦克研究、发展与工程中心（TARDEC），美国国防部作战测试与评估办公室（DOT&E），以及政府问责局等机构的报告。有关 M1 坦克出口的数据主要来自国防安全与合作局的报告和公告。

Avants, Brett and Mrosko, Chris, *M1 ABV Assault Breacher Vehicle*, Sabot Publications, St Charles, MO (2017).

Avants, Brett and Mrosko, Chris, *M1A1 MBT Volume 1: Iraq*, Sabot Publications, St Charles, MO (2017).

Avants, Brett and Mrosko, Chris, *M1A1 SA in Iraqi Service*, Sabot Publications, St Charles, MO (2017).

Avants, Brett and Mrosko, Chris, *M1A2 in Europe 2017*, Sabot Publications, St Charles, MO (2017).

Avants, Brett and Mrosko, Chris, *M1A2 MBT Vol.1 and 2*, Sabot Publications, St Charles, MO (2016).

Avants, Brett and Mrosko, Chris, *M1A2 SEP in Detail,* Sabot Publications, St

Charles, MO (2016).

Hunnicutt, Richard, *Abrams: A History of the American Main Battle Tank*, Presidio, Novato, CA (1990).

Newsome, Bruce and Walton, Gregory, *M1 Abrams Main Battle Tank Owner's Workshop Manual,* Haynes, Sparkford, Somerset (2017).

Schulze, Carl, *M1A1/M1A2 SEP Abrams TUSK*, Tankograd, Erlangen, Germany (2008).

注释

1 另可参考斯蒂文•J.扎洛加写的《M1"艾布拉姆斯"主战坦克》(*The M1 Abrams Battle Tank*, 鱼鹰社先锋系列第41号, 1985年)和《M1"艾布拉姆斯"主战坦克(1982年至1992年)》(*M1 Abrams Main Battle Tank 1982–92*, 鱼鹰社新先锋系列第2号, 1993年)。

2 斯蒂文•J.扎洛加写的《M1"艾布拉姆斯"对决 T-72"乌拉尔":1991年"沙漠风暴行动"》(*M1 Abrams vs T-72 Ural: Operation Desert Storm 1991*, 鱼鹰社决斗系列第18号, 2009年)。

"豹 2" 主战坦克
（1979—1998 年）

第四部分

设计和开发

MBT/KPz-70 项目

"豹 2"坦克的开发历史始于 1963 年。当时，联邦德国和美国协定，合作开发一款通用型先进坦克，并且将该项目称为"MBT/KPz-70"。设计开发小组由美国通用汽车公司和德国投资和发展有限公司（简称"DEG"）财团组成，誓将 MBT/KPz-70 打造成世界上最好的坦克。DEG 财团发起方包括基尔机械工厂（MaK）、莱茵钢铁集团 - 亨舍尔工厂（Rheinstahl-Henschel）、卢瑟工厂（Lutherwerke）和克劳斯玛菲工厂。

MBT/KPz-70 项目旨在取代当时联邦德国现役的 M48A2G 坦克。按照设计，新坦克拥有约 50 吨的战斗全重，采用液气悬挂和自动装弹机，能够通过 152 毫米 XM150E5 火炮发射"橡树棍"（Shillelagh）炮射反坦克导弹和常规弹药。这种坦

MBT/KPz-70 项目由美国和联邦德国合作进行，旨在设计出世界上最好的坦克。照片中的坦克为德国版，装备了 20 毫米自动高射炮。该项目于 1970 年终止。（明斯特装甲部队学校）

克可携带各种类型的弹药共 50 发，其中的 26 发被预装填于自动装弹机中。火控系统集成了激光测距仪和红外观察仪。坦克乘员数为 3 人，包括驾驶员在内的所有乘员的战位都设在炮塔内。德版坦克在炮塔顶部靠左的指挥塔处设有 1 挺与火炮同轴安装的 7.62 毫米口径 MG3 机枪和 1 门主要用于防空的 20 毫米可伸缩自动炮。1966 年 6 月，美国生产了第一款测试用底盘。同年 9 月，联邦德国也成功生产出底盘。1966 年 10 月，在第一次双边测试中，联邦德国液气悬挂的优越性显露无遗，但最终未能投产。

1967 年 2 月，MTU 公司产的 1500 马力水冷 MB873Ka500 发动机面世，其竞争对手是美国泰莱达因 - 大陆（Teledyne-Continental）公司产的 1475 马力风冷发动机。同年 5 月，美国和联邦德国交换了自主开发组件施工图纸。1968 年年初，双方同意只生产 6 台样车，而不是最初计划的 8 台。但该坦克的成本不知为何巨幅上涨，当年一辆 MBT/KPz-70 坦克的成本就是"豹 1"坦克的两倍多。

"豹 2"坦克的早期样车与"豹 1A4"坦克在外形上颇为相似。照片中，这辆"豹 2"配备了莱茵金属公司（Rheinmetall GmbH）产的 105 毫米滑膛火炮。（迈克尔·杰歇尔）

1969 年，4 台搭载风冷发动机和 3 台搭载液冷发动机的试验样车分别进行了测试。结果显示，复杂的结构导致车体太重。所以，减重便是下一阶段的主要目标。但美国和联邦德国在这方面未能谈妥，并于 1970 年 1 月终止合作。到此时，该项目已耗资 8.3 亿德国马克。之后，两国继续开发各自的主战坦克。美国最终研制出简化版的 MBT-70（即 XM803）坦克，并以此开发出后来的 M1 "艾布拉姆斯"，而德国以 MBT/KPz-70 项目中已经取得的成果为基础，研制出了"豹 2"。

"野猪"和"公猪"项目

美国和联邦德国合作期间，两国按约定是不允许同时进行其他坦克开发项目的。但在"豹 1"主战坦克于 1965 年投入使用后，保时捷（Porsche）公司被指定启动了名为"镀金豹"（Vergoldeter Leopard）的升级项目，以开发将"豹 1"坦克升级为 MBT/KPz-70 标准的改进部件。该项目一直持续到 1967 年合同到期。

1967 年，美国和联邦德国之间的合作初现嫌隙。联邦德国国防部决定继续进行并扩大"镀金豹"升级项目，而该项目后来被称为"野猪"（Keiler）。位于慕尼黑的克劳斯玛菲工厂被指定为主要承包厂家，保时捷和韦格曼（Wegmann）两家公司分别参与到底盘和炮塔的开发。1969 年至 1970 年，均搭载 10 缸 MB872 发动机的 ET01 和 ET02 两台样车被生产出来，并被用来做进一步试验。

1969 年年底，在两国合作行将终止之际，联邦德国国防技术和采购办公室启动了名为"公猪"（Eber）的项目，试图挽救大部分合作项目的既有成果。"公猪"项目尝试将 MBT/KPz-70 项目中研制出的部件与试验坦克组合在一起，但没有达到样车生产阶段。

"豹 2" PT01 至 PT17 样车

1970 年年初，时任联邦德国国防部长的赫尔穆特·施密特（Helmut Schmidt）建议继续开发"镀金豹"，并且启用美德合作时开发的 MTU 公司产的发动机，以最大限度地利用既有成果。在原定的 10 台样车之外，生产计划又额外增加了 7 台，克劳斯玛菲工厂再次被选为主要生产厂家。

1972 年至 1974 年，试验用的 16 个底盘（包括编号为 PT01 至 PT11、PT13 至 PT17 的底盘）和 17 座炮塔被生产出来。由此组合而成的试验样车从外形上看很像"豹 1A4"坦克，但其车头呈楔形且排气格栅被移至后装甲板处。样车的车轮和履带均源自 MBT/KPz-70 项目，托带轮则取自"豹 1"坦克。

"豹 2"坦克的早期样车共生产了 16 台，试验用的炮塔有 17 款。照片中，这台 PT14 号样车装配的大概是 T17 炮塔，火炮为莱茵金属公司产的 120 毫米滑膛炮。1974 年，该样车在明斯特装甲部队学校进行了测试。(明斯特装甲部队学校)

　　各样车的某些部件和火控系统有所不同。比如，PT11 和 PT17 样车搭载了 MBT/KPz-70 项目研发出的、每侧有 6 个负重轮的液气悬挂——为了与扭杆悬挂和集成摩擦减震器的组合做对比，而且 PT11 样车的炮塔顶部还装有 20 毫米遥控自动炮。除 PT07、PT09、PT15 和 PT17 样车的发动机配置略有调整外，其他样车均搭载的是美德合作时开发的 MTU 公司产的 12 缸 MB-873Ka-500 水冷多燃料四冲程发动机。该发动机连同 20 千瓦发电机、变速箱、空气滤清器、冷却系统和制动系统构成的结构紧凑的整体式模块，能够在 15 分钟内被轻松更换。该发动机有两个由废气驱动的增压器，这使其每分钟最快可达 2600 转，输出功率达 1500 马力。伦克(Renk)HSWL-354/3 变速箱有 4 个前进挡和 2 个倒挡，在处于两个较低挡位时，左右变向不会降低发动机的转速。

在 17 座炮塔中，有 10 个安装的是 105 毫米滑膛炮，7 个安装的是 120 毫米滑膛炮。这两款火炮均由莱茵金属公司设计和生产。这些样车被称为"豹 2K"（K，即德文"火炮"的首字母）。之所以这样命名是因为在 1970 年，联邦德国国防技术和采购办公室仍然希望之后的坦克至少能够保留美德合作项目研发出的部分重要部件，特别是 152 毫米火炮和"橡树棍"炮射反坦克导弹，并就此启动了"豹 2FK"（FK，即德文"导弹"的缩写）研发项目。因此，在"豹 2FK"项目的初始阶段，军方基本上要的是能够与上述两款炮塔自由组合的通用底盘。不过在 1971 年，军方因某些现实和资金层面的问题终止了"豹 2FK"项目，转而全力研发"豹 2K"（字母"K"后被删除）。再往后，军方要求"豹 2"坦克的战斗全重应达到 MLC50（约 45.4 吨），还要求正在开发的火控系统应包含"集成光学激光测距仪"（Combine Optical and Laser Rangefinder) 且必须与"豹 1"坦克的炮塔兼容。

这张 PT14 样车的照片清楚地显示了保护屏已打开的 EMES12 测距仪。炮塔特有的造型是为了满足当时的军事需求——为"豹 2"坦克开发的火控系统能够在后期被"豹 1"坦克兼容。（明斯特装甲部队学校）

1972 年至 1974 年，这些样车在明斯特（Münster）和梅彭（Meppen）等地的试验场接受了工程测试，随后又接受了部队测试。1975 年 2 月 14 日至 3 月 19 日，有 4 台样车被运往加拿大席洛（Shilo）并接受了零下 30 摄氏度的低温测试，后于同年 4 月至 5 月在亚利桑那州的尤马进行了 45 摄氏度的高温测试。然而，样车的战斗全重比 MLC50（约 45.4 吨）的标准重了 1.5 吨。韦格曼公司设计的一种被称为"鼩鼱炮塔"（Spitzmaus-Turm）的新式轻型炮塔，配备了由徕茨（Leitz）和通用电气 - 无线电器材（AEG-Telefunken）两家公司开发的、基本长度仅为 350 毫米的 EMES13 瞄准仪。由于尺寸较小，EMES13 瞄准仪能够安装在炮塔前侧。与此同时，分析 1973 年第四次中东战争得出的结论表明，装甲防护将是未来坦克战胜败的决定性因素。最终，联邦德国决定允许"豹 2"坦克的战斗全重达到 MLC60（约 54.4 吨），以便配备更多的装甲。为此，T14 炮塔尝试披挂了新型复合装甲。此举既是"豹 2"坦克开发的一项重要突破，也是促成"豹 2AV"坦克诞生的第一步。

"豹 2AV" 坦克

1973 年，美国和联邦德国开始就标准化两国 20 世纪 80 年代主战坦克的某些部件进行了谈判。1974 年 12 月 11 日，两国签署了谅解备忘录，后于 1976 年 7 月签署了正式修正案。

1973 年 2 月，联邦德国向美国交付了 PT07 底盘，而美国陆军在阿伯丁试验场对其进行了测试。谅解备忘录的内容涉及 "豹 2" 样车与美国克莱斯勒和通用汽车两家公司各自生产的 XM1 样车的比较测试。两国还同意在测试之前对 "豹 2" 坦克进行最小幅度改装的研究，以便达到美方的性能和成本要求。于是，克劳斯玛菲工厂拿到了 XM1 样车的包括弹道防护在内的性能参数。所有的改装要求都基于美国陆军对 PT07 样车进行测试的结果，但在两国签署谅解备忘录时，17 台早期的 "豹 2" 样车中已有 15 台完成生产，剩余的 2 台也即将完工。为了满

这台 "豹 2AV" 的 PT19 样车曾在美国与克莱斯勒公司和通用汽车公司各自生产的 XM1 样车进行了对比测试。该样车在测试期间采用的是 105 毫米火炮，之后被改为莱茵金属公司产的 120 毫米滑膛炮。照片中，这台样车已返回联邦德国。(克劳斯玛菲工厂)

足两国新的要求，保时捷公司、克劳斯玛菲工厂和韦格曼公司设计并生产出"豹2AV"（AV意即"简化版"）。与早期样车相比，"豹2AV"的不同之处在于为车身加装的间隙装甲、以T14炮塔为基础开发的新式炮塔和大幅简化的火控系统。为该型坦克生产的PT19和PT20两个底盘，以及T19、T20和T21三座炮塔，均于1976年完工。基于PT19底盘的"豹2AV"测试用样车搭配的是T19炮塔，而该炮塔配备了休斯（Hughes）公司产的集成了炮手瞄准仪的火控系统。由于XM1坦克配备了105毫米L7A3火炮，该样车也安装了同款火炮，不过为换装120毫米滑膛炮预留了余地。T20炮塔配备了联邦德国自主生产的集成了EMES13光电测距仪的火控系统，并被用于联邦德国的测试项目。备用的T21炮塔与T20炮塔基本相同，但在出厂时就安装了莱茵金属公司产的120毫米滑膛炮。

　　按原计划，"豹2AV"是要与XM1样车同时进行测试的，但由于德方改装工程花费的时间比预期长，美国决定先对克莱斯勒公司和通用汽车公司各自生产的

在美国与XM1样车进行对比测试之后，"豹2AV"样车返回联邦德国并接受了各项评估。照片中，这台基于PT20底盘的"豹2AV"样车正在卑尔根－霍恩（Bergen-Hohne）射击场进行实弹射击测试。（明斯特装甲部队学校）

XM1 样车进行评估。最终，在没有对比测试"豹 2AV"的情况下，美国选择了克莱斯勒公司的方案并批准该公司全面开发该方案。直至 1976 年 8 月底，"豹 2"坦克的测试用底盘和炮塔才通过 C-5A"银河"（Galaxy）运输机运抵美国。

"豹 2AV"样车在阿伯丁试验场进行了开发测试（Development Test）和作战测试（Operational Test）。这些测试都参照了前期 XM1 样车测试的标准并一直持续到 1976 年 12 月。美国陆军报告称，"豹 2AV"和 XM1 在火力和野战机动性方面相当，但 XM1 因在装甲防护方面更胜一筹而被选择。非常无奈的是，负责"豹 2AV"开发的联邦德国的公司意识到他们之前送到美国参加测试的 PT07 样车成了 XM1 开发的技术来源。

完成对比测试后，PT19 和 PT20 底盘被运回联邦德国以接受进一步评估，而 T19 炮塔被留在美国，直到 1977 年年初可装到 PT07 底盘上。该炮塔在很短的时间内就将 105 毫米火炮更换为莱茵金属公司产的新型 120 毫米火炮，但其火控系统和电子设备的改动很少。彼时，联邦德国已决定将莱茵金属公司产的 120 毫米火炮作为"豹 2"坦克生产型的标准配置，而美国陆军也提议将该款火炮作为后续批次的 XM1 的标准主武器。在美国经过大量的实弹测试后，T19 炮塔被运回联邦德国。在按照与 T21 炮塔相同的标准做了改装后，T19 炮塔被装到 PT19 底盘上，以用于量产前的测试。PT20 底盘、T20 炮塔以及经过改装而升级到 T20 炮塔标准的 T14 炮塔也一并被用于测试。1977 年 9 月，联邦德国国防部正式决定继续执行生产 1800 辆"豹 2"坦克的计划，这些坦克将分成五个批次进行交付。在最初的几家投标公司中，克劳斯玛菲工厂和基尔机械工厂被分别定为主要和次要的承包厂家，二者将分别承担 55% 和 45% 的工程量。韦格曼公司将全权负责协调 EMES15 火控系统与 120 毫米高性能滑膛炮的集成工作。其中，EMES15 火控系统——由 EMES13（L）发展而来且在批量生产时更受青睐——将由休斯公司和亚特拉斯电子公司（Krupp Atlas Elektronik）合作生产，莱茵金属公司则负责提供 120 毫米滑膛炮并将其安装到炮塔上。总体来看，"豹 2"坦克上的 2.5 万个零部件都是被分包出去的。

"豹2"坦克的生产

预生产型

　　1977年1月20日，联邦德国下达3个预生产型底盘和2个预生产型炮塔的国家订单。次年10月11日，第一个底盘交付。该底盘在装上T21炮塔后被运到明斯特装甲部队学校接受部队试验，试验一直持续到1979年年初。另两个底盘也于1979年年初进行了验收试验和最终测试。"豹2"的预生产型可通过炮口校准参考系统（被后续系列坦克取消）来辨认。1979年10月25日，坦克装配线生产的第四辆"豹2"坦克正式交付明斯特装甲部队学校，而这也是进入联邦德国国防军正式服役的第一辆"豹2"系列坦克。

1978年，3个预生产型底盘和2个预生产型炮塔被交付给位于德国明斯特的装甲部队学校。照片中，这台样车由3号预生产型底盘和2号预生产型炮塔组成，车体印有无意义的战术标识。（克劳斯玛菲工厂）

第一批次

第一批次的"豹2"坦克为基本型，共生产了382辆。其中，克劳斯玛菲工厂生产了210辆（编号为10001至10210），基尔机械工厂生产了172辆（编号为20001至20172）。1979年，前6辆交付明斯特装甲部队学校。有100辆于1980年交付，220辆于1981年交付，均用于取代第一装甲部队的M48A2G坦克。第一批次的"豹2"坦克大多被交付给第1装甲师第31、第33和第34坦克营，部分被交付给第3装甲师第81、第83和第84坦克营。到1982年，"豹2"坦克的产量达到每年300辆。同年3月，该批次的剩余部分完成交付。

该批次的"豹2"坦克，战斗全重为55吨，空重为52吨，车体披挂惰性反应装甲（NERA）。行走机构由7对挂胶负重轮和4对托带轮组成，诱导轮在前，驱动轮在后。悬挂为扭杆式，第1、第2、第3、第6和第7对负重轮处安装了

履带最多可安装18个履刺以代替胶垫，从而允许坦克能够在松软的地面或雪地上行驶。照片中，这辆"豹2A4"（第六批次）正在参加在霍亨菲尔斯战斗机动训练中心举行的演习。（卡尔·舒尔茨）

先进的摩擦减振器。履带为迪尔（Diehl）公司产的 570F 型履带，该履带配备胶垫端部连接器和可拆卸胶垫，而且每副履带都有 82 个链环。为满足冰雪地面的行驶需要，最多可将履带上的 18 个胶垫替换为相同数量的履刺，这些履刺在不使用时会被存放在车首甲板上。侧裙板的前四节为重型装甲板；其余三节为标准橡胶和金属织物材质的装甲板，并且在铁路运输等场景下可向上翻起。

车体前方的驾驶员战位在车辆中心线偏右的位置。供驾驶员使用的销轴式舱盖被设计成右向开启且尺寸较大，能够以升降或摆动的方式打开。驾驶员战位设有两具潜望镜，还有一具设置在战位左侧，供封闭驾驶时使用。中间的那具潜望镜可根据夜间作战需要，更换为被动红外夜视仪。27 发 120 毫米弹药储存在车体前部、驾驶员战位左侧的特殊弹匣中。驾驶员座椅下方设有逃生舱门。

在"豹 2"坦克开始批量生产之际，热成像瞄准仪尚未投入生产，所以在生产的第一批次中有 200 辆在防盾上安装的是 PZB200 低亮度电视系统。（克劳斯玛菲工厂）

防盾上安装 PZB200 低亮度电视系统的首批"豹 2"坦克被交付给明斯特装甲部队学校。(明斯特装甲部队学校)

披挂复合装甲的炮塔被组装于车体正中央,由车长和炮手操作。车长和炮手的战位都位于炮塔的右半边,而后者在前者的前下方,装填手战位则位于炮塔的左半边。车长和装填手的战位各设有后开式圆形舱门,舱门处均设有可安装 7.62 毫米口径 MG3 防空机枪的环形枪座,不过该机枪通常都被装在装填手的舱门处。车长可通过 6 具潜望镜获得全方位视野。坦克总共可携带 42 发莱茵金属公司产的 120 毫米滑膛炮炮弹。其中,15 发待发弹存放于炮塔尾舱弹药架左侧,并通过电动门与战斗舱隔开。如果弹药架上的弹药被击中,炮塔顶部的泄压板会将爆炸冲击引往上方。

在 WNA-H22 电液伺服炮控系统的控制下,这门 120 毫米火炮在各方位角和仰角上均能做到完全稳定。该火炮可发射由莱茵金属公司开发的两种弹药——均采用可燃药筒的 DM-33 曳光尾翼稳定脱壳穿甲弹（APFSDS-T）和 DM-12MZ 多用途高爆破甲弹（但"豹 2"服役之初只有 DM-13 和 DM-23 可用）。火炮左侧装有一挺同轴 7.62 毫米口径 MG3 机枪，可携带的机枪弹药为 4750 发。

生产第一批次的"豹 2"坦克时，炮手使用的 EMES15 热成像仪尚未就绪。为赋予这批坦克最低限度的夜间作战能力，有 200 辆坦克临时安装了 PZB200 低亮度电视系统（LLLTV）。EMES15/FLT-2 火控系统包括：

1. 炮手主瞄准仪；

2. 激光发射器和接收器；

3. 热成像仪（第一批次未能安装）和目镜部件；

4. 车长和炮手用控制单元；

5. 车长显示单元；

6. 计算机控制单元；

7. 车长手动操纵杆；

8. 数字弹道计算机，用于计算火力解决方案；

9. 横风传感器（仅第一批次安装）；

10. 火炮仰角传感器；

11. 激光电子箱；

12. 倾角传感器；

13. 连接电缆套件。

炮手还可使用同轴安装在火炮右侧的 1 具放大倍率为 8 倍的 FERO-Z18 辅助观测镜。车长战位前侧安装的 PERI R17 周视仪由蔡司（Carl Zeiss）公司生产，具有独立性和完全稳定性，以及 2 倍和 8 倍双重放大倍率。该周视仪可实现 360 度自由旋转，这使车长能在必要时先于炮手射击。炮塔左侧设有向外打开的补弹口。炮塔两侧安装的两组四门韦格曼公司产的 76 毫米烟幕弹发射器可以单发或四发齐射。在车长战位后方，两台 SEM25/35 甚高频无线电台安装在尾舱弹药架的右后方，可在 26—70MHz 频段之间工作，最大传输距离分别为 25 千米和 12 千米。无线电天线安装在乘员舱后方左右两侧。

这批坦克的发动机舱位于车体后侧并通过一道防火墙与战斗舱隔开。采用的MTU MB 873 ka-501 型 V12 四冲程涡轮增压液冷柴油发动机，其排量为 47.6 升，在每分钟 2600 转的转速下输出功率为 1500 马力（1104 千瓦）。该发动机由 8 块 12 伏、125 安时的蓄电池启动，由 24 伏电气系统供电。这批坦克在公路上的最高速度可达 68 千米 / 小时，但在和平时期被限制在 50 千米 / 小时以内；倒挡的速度最快为 31 千米 / 小时。据估计，这些坦克在公路上每行驶 100 千米消耗约 300 升油料；越野行驶时每 100 千米消耗约 500 升油料，而且坦克上的 4 个油箱的总容量约为 1160 升，这就使坦克的最大公路里程约为 500 千米。带有整体行车制动器的伦克 HSWL-354 液动行星齿轮箱与发动机集成为一体，从而形成一套结构紧凑的、可在 15 分钟内进行整套更换的动力包。该齿轮箱通过扭矩转换器能够提供 4 个前进挡和 2 个倒挡，这使坦克在需要时能实现原地 360 度转向。传动系统会在驾驶员预先选择的范围内自动换挡。冷却空气进气口格栅位于车体后侧装甲板的上部，并且从生产的第 28 辆坦克开始进行了加固。冷却空气出口格栅位于散热口的左右两侧。计算机辅助坦克检测系统可检测坦克发生的技术故障。

4 个 9 千克重的"哈龙"（Halon）灭火剂储罐安装在驾驶员战位的右后侧，并通过管道连接到车内的灭火喷口。当战斗舱或发动机舱内的温度超过 82 摄氏度时，火灾探测系统会自动喷射灭火剂。灭火剂储罐也可通过驾驶舱的控制面板手动开启。火炮下方还有一个 2.5 千克重的"哈龙"灭火器。这批坦克配备的独立三防系统可在车体内部制造 400 帕的超压。该系统安装在炮塔左侧的车体中，三防过滤片可通过位于车体左侧的舱门进行更换。多数工程器具等设备存储于车体左侧的一个隔间和右侧的两个隔间中，这些隔间可通过相应的舱门进入。

这些"豹 2"坦克在进行 1.2 米深的潜渡时，无须任何特殊准备，也不会丧失战斗力；在激活内置液压和气动密封件，展开车长指挥塔上的折叠式通气筒后，可进行 2.25 米深的潜渡。若要实现 4 米深的潜渡，这就需要花费 15 分钟进行准备，包括将一个特别的三节式通气筒安装在车长指挥塔上。

第二批次

第二批次的"豹 2"坦克从 1982 年 3 月生产到 1983 年 11 月，共计生产了 450 辆。其中，248 辆（编号为 10211 至 10458）由克劳斯玛菲工厂生产，202 辆（编号为

20173 至 20374）由基尔机械工厂生产。该批次的坦克最显著的变化包括取消了横风传感器，车长光学观瞄模块的保护罩采用了多面体设计。此外，基于得州仪器（Texas Instruments）公司产的通用模块并由蔡司公司生产的热成像仪，被集成到炮手用 EMES15 主瞄准系统上。故障检测系统新增了对火控系统的监控。油料过滤器从发动机舱移至左右壁槽箱，这大大缩短了填充油料所需的时间。炮塔左后侧新增一个外部耳机连接口（车组对讲系统的组成部分）。弹药架与 M1A1 "艾布拉姆斯"坦克将要安装的弹药架为同款。动力包安装了两块踏板，以避免在拆卸发动机舱进行维护时损坏转向机构、电气线路、插头等。牵引绳索夹具的位置被重新布置，这使得牵引绳索增长至 5 米，并且在不使用时可交叉收在尾板处。由于上述改动，这一批次的坦克被定型为"豹 2A1"。

第三批次

第三批次的 300 辆"豹 2"坦克从 1983 年 11 月生产至 1984 年 11 月。其中，165 辆（编号为 10459 至 10623）由克劳斯玛菲工厂生产，135 辆（编号为 20375 至 20509）由基尔机械工厂生产。这批坦克最显著的变化包括增加了一组反光板，将车长用 PERI R17 周视仪的安装高度抬高了 50 毫米，以及在三防系统顶部安装了一个尺寸更大的护盖。这些改动随后也被应用到第二批次的坦克上。因此，这两个批次的坦克都被统一定型为"豹 2A1"。

现代化改造第一批次

1984 年至 1987 年，由于 EMES15 火控系统的热成像仪正式投用，联邦德国决定对第一批次的"豹 2"坦克进行现代化改造，使其达到与第二、第三批次相近的标准。此次改造与第三、第四和第五批次的"豹 2"坦克的生产同时进行。除了用新式热成像仪替换 PZB200 低亮度电视系统（后被用于"豹 1"），对这批次的改造还包括：前车体的油箱安装了多个加油口和口盖，PERI R17 周视仪因增加一副反光板而被抬高 50 毫米，三防系统顶部安装了一个尺寸更大的护盖，以及换用了 5 米长的牵引绳索。此外，横风传感器也被拆除，其底座则加装了一个圆形盖板，这也是该批次的坦克有别于先前批次的坦克之处。这些现代化改造第一批次的坦克被定型为"豹 2A2"。

第一批次的坦克经过现代化改造后被定型为"豹2A2"。1988年，这辆隶属第31混合坦克营的"豹2A2"坦克正开赴卑尔根 – 霍恩5B射击场。（迈克尔·杰歇尔）

第四批次

　　第四批次的 300 辆"豹 2"坦克从 1984 年 12 月生产至 1985 年 12 月。其中，165 辆（编号为 10624 至 10788）由克劳斯玛菲工厂生产，135 辆（编号为 20510 至 20644）由基尔机械工厂生产。该批次最显著的改动包括安装了天线较短的新型数字式 SEM80/90 甚高频无线电台，排气格栅改为圆环型。炮手战位安装了可调节的胸部支架，这使炮手在坦克行驶时可靠在上面观察或瞄准目标。交付时，该批次的坦克均采用青铜绿（编号为 RAL6031）、皮革棕（编号为 RAL8027）和焦油黑（编号为 RAL9021）构成的新式迷彩涂装。测试表明，炮塔左侧的补弹口在炮塔被击中后可能会发生泄漏。这会导致车内三防系统失效而不能制造超压，故而焊死了补弹口。该批次的坦克被定型为"豹 2A3"。

前五个批次的"豹 2"坦克在炮塔左侧设有补弹口。照片中，补弹口已打开。（迈克尔·杰歇尔）

后来，补弹口被焊死以加强三防。（迈克尔·杰歇尔）

第五批次

第五批次的 372 辆"豹 2"坦克从 1985 年 12 月生产至 1987 年 3 月。其中，191 辆（编号为 10789 至 10979）由克劳斯玛菲工厂生产，181 辆（编号为 20645 至 20825）由基尔机械工厂生产。这批坦克的火控计算机集成了数字弹道系统，以适配新型弹药的使用。为提高车组乘员的生存能力，这批坦克还安装了德格拉（Deugra）公司开发的灭火抑爆系统。克劳斯玛菲工厂生产的坦克从编号 10968 开始，基尔机械工厂生产的坦克从编号 20788 开始，这些坦克的第二和第三托带轮的位置被重新布置。其中，第二托带轮从第二和第三负重轮之间移至第三和第四负重轮之间，而第三托带轮从第四和第五负重轮之间移至第五和第六负重轮之间。炮塔左侧的补弹口也被取消。该批次的坦克被定型为"豹 2A4"。基尔机械工厂最后生产的编号为 20825 的坦克被当作"豹 2"改进项目的试验车（即后文将介绍的 KVT）。

1994 年，师级侦察营开始装备"豹 2A4"。照片中，这辆隶属第 2 坦克营的"豹 2A4"（第五批次）装有炮口校准参考系统。（迈克尔·杰歇尔）

第六批次

"豹 2"坦克最初预计只生产五个批次，但联邦德国陆军于 1987 年 6 月又采购了第六批次、共计 150 辆的坦克。1988 年 1 月至 1989 年 5 月，其中的 83 辆（编号为 10980 至 11062）由克劳斯玛菲工厂生产，其余的 67 辆（编号为 20826 至 20892）由基尔机械工厂生产。该批次坦克的特点包括换装了免维护的蓄电池，采用了迪尔公司产的 570FT 履带，以及使用了无铬酸锌涂料的涂装。中央告警灯被移至驾驶员战位前侧、车体外部的一个护罩内，这使驾驶员在开舱驾驶时视野更佳。编号分别为 11033 和 20869 的两辆坦克还加装了新式的盒形前裙板。这批第 96 辆之后的坦克还采用了 C 技术装甲而不是 B 技术装甲，以增强防御能力。这批坦克取消了炮塔左侧的补弹口，也被定型为"豹 2A4"。

第五批次后期和第六批次生产的"豹2"坦克完全取消了补弹口。（迈克尔·杰歇尔）

该照片拍摄于1995年的特里尔WTD41试验场，这辆第六批次生产的"豹2"坦克是"豹2"改进项目的试验车之一。（迈克尔·杰歇尔）

1992年,第六批次的一辆"豹2"参加了在明斯特举行的一次演习。该批次的坦克加装了前裙板。(迈克尔·杰歇尔)

第七批次

第七批次的100辆"豹2"坦克从1989年5月生产至1990年4月。其中,55辆(编号为11063至11117)由克劳斯玛菲工厂生产,45辆(编号为20893至20937)由基尔机械工厂生产。该批次和第六批次的坦克都被定型为"豹2A4"。

第八批次

1991年1月至1992年3月,第八批次的75辆"豹2"坦克交付。其中,41辆(编号为11118至11158)由克劳斯玛菲工厂生产,34辆(编号为20938至20971)由基尔机械工厂生产。这批坦克的烟幕发射筒底座略有改动。这批坦克将前部重裙板模块的C技术装甲改为D技术装甲;坦克的后裙板被分为6节,并且采用了新的设计和材料,但该批次早期交付的坦克没有这一改动。120毫米火炮安装的炮口校准参考系统后来被安装到所有已生产的"豹2"坦克上,该系统允许炮手快速检查炮管与瞄准仪之间的相对畸变。结合"豹2"坦克的现代化计划,克劳斯玛菲工厂生产的两辆坦克被用作"部队试验车"(简写为TVM)。其中,编号为

11156 的坦克即 TVM max，编号为 11157 的坦克即 TVM min。1992 年 3 月 19 日，第八批次中的最后一辆"豹 2A4"（编号为 11158）在慕尼黑举行的正式仪式上被交付给第 8 山地坦克营。

这辆第八批次生产的"豹 2"坦克加装了后裙板，微调了烟幕发射筒底座，但尚未安装炮口校准参考系统。（克劳斯玛菲工厂）

现代化改造

后来，对第一至第四批次生产的"豹 2"坦克进行的现代化改造包括安装 SEM80/90 无线电台，配备新式 570FT 履带和免维护蓄电池，使用于 1983 年诞生的 DM-23 和后来更新的 DM-33 两种曳光尾翼稳定脱壳穿甲弹。自第五批次起生产的坦克配备了抑火系统，而前四个批次的车辆仅配备了灭火系统。改造后的坦克也被定型为"豹 2A4"。现代化改造第一批次的坦克与后续批次的区别还在于，在取消了的横风传感器的底座上仍有圆形盖板，在车长光学观瞄模块上也有圆形保护环。

1993 年冬，隶属第 84 坦克营的一辆"豹 2A4"（改造自第一批次的坦克）正在卑尔根 – 霍恩射击场进行实弹射击演习。（迈克尔·杰歇尔）

1987 年，一辆隶属第 23 坦克营的"豹 2A4"（改造自第二批次的坦克）仍在使用老式发动机格栅。（乌维·施内尔巴赫）

这辆"豹2A4"坦克(改造自第二批次的坦克)被用来测试动力装置消声器,这种消声器在瑞士Pz-87坦克上已经很常见。(乌维·施内尔巴赫)

1989年,隶属第203坦克营的一辆"豹2A4"(改造自第三批次的坦克)参加了北约陆军内部著名的坦克射击比赛——"加拿大陆军杯"(CAT)。前六名均由装备"豹2"的装甲排夺得,装备最先进的M1A1坦克的队伍只排到第七名。(迈克尔·杰歇尔)

一辆由基尔机械工厂产的、隶属第363坦克营的"豹2A4"（改造自第四批次的坦克）正在进行野外训练演习。（迈克尔·杰歇尔）

　　在第八批次也是最后一个批次的坦克交付后,联邦德国国防军已有2125辆"豹2A4"坦克在服役。"豹2"坦克能够很好地满足现代机动作战的需求,其强劲性能来自先进的技术,而且将装甲防护、火力和机动性结合得相当好。这些都使"豹2A4"成为现代坦克设计的典范。

"豹 2A4" 坦克内部

遇敌作战

要控制"豹 2A4"坦克的行进，驾驶员只需左右转动控制杆。该坦克有四个前进挡可供选择：一挡的最低速度为 4 千米 / 小时，最高速度为 15 千米 / 小时；二挡、三挡和四挡的最高速度分别为 31 千米 / 小时、45 千米 / 小时和 68 千米 / 小时。在包括全部四个挡位的自动操纵模式下，最高速度也为 68 千米 / 小时。坦克在 6 秒的时间内就能够从 0 加速到 32 千米 / 小时。倒挡的一挡和二挡的最高速度分别为 15 千米 / 小时和 31 千米 / 小时。当坦克需要原地转向时，变速箱的方向预选器会切换到相应方向，并且在驾驶员将控制杆完全转动至所需的方向之前，发动机也会先加速至 1500 转 / 分。这样，原地转向在 10 秒内就能完成。坦克要前进，方向预选器就向上切换；要倒车，方向预选器就向下切换。

"豹 2A4"坦克总共携带 42 发弹药，其中的 15 发被放置在炮塔尾舱一个带有电动滑门的特殊弹药架中。战斗时，装填手会根据打击目标的不同，从弹药架上的 15 发炮弹中选择 1 发 120 毫米 DM-23 曳光尾翼稳定脱壳穿甲弹或 DM-12MZ 多用途高爆破甲弹进行装填。莱茵金属公司产的 120 毫米 L/44 滑膛炮的后膛采用了半自动设计——每发炮弹发射后都会自动打开。此外，上述两种弹药都采用了半可燃药筒。弹药发射后，剩余的底部药筒会被弹出并装入一个附带的袋子中。火炮后膛设有保护乘员的防护装置。

"豹 2A4"装备的亚特拉斯电子公司产的火控系统可使车组乘员在昼夜作战中攻击移动或静止的目标。当车长用 PERI R17 周视仪识别到目标后会将炮塔转向目标方位角，炮手会立即接手交战任务。炮手通过 EMES15 瞄准仪的 HZF 瞄准通道识别目标，该瞄准通道具有 12 倍放大倍率和 5 度视场。相关目标距离数据和系统信息将通过火控系统集中显示在观瞄界面下方。热视觉装置用于在夜间或能见度差的情况下识别和跟踪伪装的目标。目标标识通过日光通道显示在观瞄界面上。EMES15 瞄准仪在各方位角和仰角上完全稳定。瞄准通道位于 EMES15 保护罩的右侧，集成的 Nd:YAG（钕钇铝石榴石）激光测距仪安装在左侧。日光通道、激光发射器、激光接收器和热成像通道均通过同一面反射镜进行路由，以确保精确对准。热成像仪也可服务于车长用 PERI R17 周视仪——将图像传给后者。

数字弹道计算机会结合目标距离、车体倾角、目标运动方向、横风速度和方向（第一批次的坦克会自动测量，但后续批次和现代化改造第一批次的坦克需要手动输入），以及所选弹药的弹道数据（对坦克携带的不同弹药，最多可选择 7 种弹药的弹道数据），计算出包括视线角度和横向角度在内的 120 毫米火炮的射击方案，然后将该方案传输给武器控制和稳定系统，以便火炮与瞄准线对齐。目标被识别到后，Nd:YAG 激光测距仪（最大量为 9990 米）将测量出射击距离。之后，炮手使用手柄控制器将瞄准器对准目标。火控系统包含了瞄准和距离校正的辅助功能，比如炮手动态引导、车长自动跟踪、接近目标时进行的自动距离校正，以及补偿坦克在移动时出现的误差等功能。收集到的目标信息会与上述数据一起自动传输给数字弹道计算机。火控系统会动态修正火炮的仰角和方位角。一旦锁定目标，120 毫米滑膛炮就能射击。如果 EMES15 瞄准仪发生故障，炮手可临时使用备用的 FERO-Z18 辅助观测镜。该观测镜由徕茨公司生产，具有 8 倍放大倍率和 10 度视场。当液压系统失灵时，炮手也能通过手动控制单元旋转炮塔和升降炮管。

改进版"豹 2"坦克

"豹 2A5"

在迈入现代化的阶段,军事技术领域不可避免地面临着巨大挑战。随着苏联T-64B 和 T-80B 等性能强劲的现代化坦克登上历史舞台,"豹 2"坦克也必须与时俱进才能应对 125 毫米滑膛炮带来的威胁。然而,推进各国之间坦克工业的合作比想象的困难许多。1982 年 11 月,德法联合坦克开发项目无疾而终,联邦德国干脆放缓了后继的"豹 3"坦克的研发步调,将概念设计阶段从 1983 年 3 月延到1996 年。为填充这当中的空白,德国就必须尝试各种替代方案,比如采购更多的"豹2"坦克,改进现有的"豹 2"坦克,为"豹 2"车体开发新式炮塔(可配备三名或四名车组乘员和自动装弹机)或另行开发全新的底盘和炮塔。

第一批新型"豹 2A5"坦克被交付给明斯特装甲部队学校。照片中的这辆坦克改装自最初由基尔机械工厂生产的第六批次的"豹 2A4"。(迈克尔·杰歇尔)

这辆由第七批次的"豹2A4"改装来的"豹2A5"正在基尔机械工厂的测试场上,其换装的新部件尚未涂上合适的迷彩。(迈克尔·杰歇尔)

1996年,基尔机械工厂将这辆克劳斯玛菲工厂生产的第七批次的"豹2A4"改装为"豹2A5"。这辆坦克后来在奥古斯多夫的第214坦克营服役。(萨宾·罗特)

联邦德国政府最终选择的方案是改进"豹 2"坦克。1989 年，"豹 2KVT"（KVT 为"部件试验车"的德文缩写）被生产出来并接受了测试。这辆基尔机械工厂生产的第五批次中的最后一辆"豹 2A4"坦克（底盘编号为 20825，车牌号为 Y582391）配备了加厚装甲、战斗舱内部防崩落衬层和新型驾驶员舱电动滑动舱门，调整了车长舱门和装弹机的布局，新增了炮塔顶部的被动装甲和反应装甲。此外，EMES15 瞄准仪被抬高并配备了装甲保护罩；PERI R17 周视仪新增了独立热成像通道，其安装位置也被调至车长战位的左后侧。这辆 KVT 的总重量约为 60.5 吨。经过测试后，该车被改装为 IVT（即"仪器实验车"的德文缩写）并加入了 1988 年至 1992 年期间开展的"集成化指挥与信息系统"（简写为"IFIS"）研发项目，以便与美国合作研究更多有效管理和使用所收集的信息的方法。

这辆隶属第 214 坦克营的"豹 2A5"在炮塔后部的架子上放有阻挡块和履带连接器。在冷却空气出口格栅上方的装甲箱内，可以看到驾驶员的后视摄像头。附加的观瞄装置允许车长在坦克行进时掌握车后的情况。（迈克尔·杰歇尔）

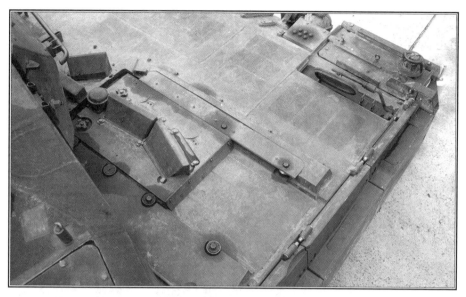

"豹 2A5"坦克车体最显著的变化是安装了新型驾驶员舱电动滑动舱门。在本照片中，该舱门处于关闭状态。（迈克尔·杰歇尔）

驾驶员舱电动滑动舱门处于打开状态。（迈克尔·杰歇尔）

KVT 来自基尔机械工厂生产的第五批次的"豹 2A4",并被用于系列改进方案。照片拍摄于 1991 年,这辆 IVT 由 KVT 改装而来。(克劳斯玛菲工厂)

参与 IFIS 项目的还有两台以"豹 2"坦克底盘为基础、外观相当不寻常的 VT-2000（VT 为"试验车"的德文缩写），用于评估"2×2 车组乘员"的概念。在对 KVT 的开发测试进行评估后，克劳斯玛菲工厂于 1991 年为该项目生产了两台 TVM，并将其称为"KWS"（意即"改进试验车"）。两台 KWS 均改装自第八批次的"豹 2A4"坦克，后来被分别称为"TVM max"（底盘编号为 11156，车牌号为 Y907792）和"TVM min"（底盘编号为 11157，车牌号为 Y907793）。1991 年 12 月至 1992 年 4 月，两台试验车在专门组建的 KWS 测试指挥部进行了集中测试，而暴露出的大部分技术缺陷最终在亚琛（Aachen）技术学校得到了解决。

20 世纪 90 年代初，人们普遍认为装甲部队必须要有应对轻型空中机动部队的能力。因此，德国后来放弃将 699 辆"豹 2"坦克按 TVM max 的配置进行改进的计划，改行另一套方案。这套方案被分为 KWS Ⅰ、KWS Ⅱ 和 KWS Ⅲ 三个阶段（序号不代表实际的先后顺序）。KWS Ⅰ 阶段改装了长管 120 毫米 L/55 火炮，换用了改进型弹药，从而使炮口初速增至 1800 米 / 秒；KWS Ⅱ 阶段着重加强了对乘员的装甲防护，改进了指挥控制系统；KWS Ⅲ 阶段采用了 140 毫米火炮。

1991 年 10 月 29 日，瑞士、荷兰和德国签署了 KWS Ⅱ 阶段的开发计划合作谅解备忘录。三国在曼海姆（Mannheim）的会议上就 KWS Ⅱ 的配置达成一致之后，于 1992 年 3 月 30 日签订了合作合同。一辆 TVM2（底盘编号为 20823，车牌号为 Y567056，这是由基尔机械工厂生产的第五批次的一辆"豹 2A4"改装而成）按照"曼海姆配置"做了改装，并在 1993 年至 1994 年期间进行了多次细节修改和深入测试。

1993 年 12 月 29 日，德国国防部向该项目的主要承包厂家——克劳斯玛菲工厂下了订单，要求该厂将 225 辆"豹 2A4"按照最新的 A5 标准进行改造，如有余力可再改装 125 辆。荷兰也签下 330 辆坦克的改装合同，瑞士也计划于新世纪到来之后加入改装队伍。

第一批"豹 2A5"坦克于 1995 年 11 月 30 日正式交付德国装甲学校。"豹 2A5"装备了德国危机反应部队的四个坦克营（第 33、第 214、第 393 和第 104 坦克营），而 1995 年 12 月装备"豹 2A5"的第 33 坦克营为首支装备该型坦克

VT-2000 的外观相当奇特。该车是 IFIS 研发项目的一部分，此时正在装甲部队学校进行集中测试。（明斯特装甲部队学校）

TVM max，也被称为"TVM1"，是第八批次的"豹 2A4"的改装车型。该车后来在瑞典被用于对比试验。（克劳斯玛菲工厂）

的部队。"豹 2A5"坦克的底盘来自第六、第七和第八批次生产的"豹 2A4"，其现代化炮塔来自前四个批次的"豹 2A4"。底盘的现代化改造由克劳斯玛菲工厂和基尔机械工厂负责，而韦格曼公司和莱茵金属公司负责炮塔部分。

TVM2 是按照"曼海姆配置"制造的，较 TVM1 精简些。照片中这辆 TVM2 拍摄于 1993 年 10 月在明斯特举行的三国部队试验期间。（迈克尔·杰歇尔）

"豹 2A5"坦克的车体最显著的变化是驾驶员舱盖采用了电动右滑打开的新设计。此外，驾驶战位的左侧有反光板和用几根铁条收纳的伪装网支架。安装在后冷却出风口上方的摄像头拍摄的图像会显示在驾驶员的仪表盘上，这使驾驶员无须车长指挥便能高速倒车。负重轮毂也由铝制的改为钢制的。

"豹 2A5"的炮塔正面和侧面均分段安装了楔形附加装甲。坦克战损时，这种装甲既可在野外快速被更换，也方便后期升级。这种附加侧装甲为铰链结构并可向前打开，这种设计在更换发动机时十分必要。炮盾被重新设计，而且炮塔后侧和左右两侧都安装了额外的储物箱。炮塔内部敷有防崩落衬层，以加强对乘员和仪器的防护。电液伺服的火炮控制和稳定系统改为全电气系统。炮手用 FERO-Z18

辅助观测镜被挪到了炮盾的顶部。车长用周视仪升级为 PERI R17A2/TIM，并且新增了独立热成像仪通道。这种热成像仪通道能将夜视图像显示在车长仪表板的显示器上，还能共享炮手看到的昼夜观瞄图像。车长也能通过目镜在日间观察外界情况。激光测距数据处理器也经过了改进，可将第一和第二回波信号均视为有效信号，而"豹 2A4"搭载的激光测距数据处理器仅能接收第二和更远的回波信号。经过这一改进，"豹 2A5"就能用曳光尾翼稳定脱壳穿甲弹攻击直升机目标。此外，该坦克还新增了车载 GPS 导航系统，并在炮塔顶部的右后侧安装了 GPS 天线。由于加装了附加装甲，坦克的战斗全重增至 59.5 吨，不过坦克最初的设计就预留了增加重量的余地，所以没有影响到机动性。

1995 年 12 月，第 33 坦克营首次接收新的"豹 2A5"坦克。这辆坦克改装自克劳斯玛菲工厂生产的第六批次的"豹 2A4"坦克，配备了早期版本的 PERI R17A2/TIM 车长周视仪，但是未披挂装甲。这种周视仪后来被新款取代。

改装自第七批次的两辆"豹2A5"坦克（底盘编号分别为11108和11110）按照 KWS I阶段的标准安装了莱茵金属公司产的120毫米 L/55火炮，并于1997年在明斯特装甲部队学校进行了部队试验。试验证明，新式火炮已能够投用。

1997年，两辆安装长管120毫米 L/55滑膛炮的"豹2A5"坦克在德国明斯特装甲部队学校进行了部队试验，两车的车组乘员都来自第33坦克营。照片中，这辆"豹2A5"坦克刚刚完成一次深水潜渡任务，其三节式通气筒被装在车长指挥塔上。（迈克尔·杰歇尔）

混搭版的"豹2"坦克

"豹2A5"坦克的改进项目用到了第一至第四批次生产的炮塔和第六至第八批次生产的底盘。因此，改装时被换下来的底盘和炮塔也进行了两两组合。这批混搭版的坦克将告警灯从原先驾驶员仪表板上移至驾驶员舱盖前方的车体上。此外，炮塔侧面的烟幕弹架底座采用了生产第八批次时稍微做了改进的设计。

"豹2"坦克在其他国家服役的情况

荷兰

荷兰很早就对"豹2"坦克表现出兴趣,因为该国要为老旧的369辆"百夫长"主战坦克和130辆AMX-13轻型坦克寻找新的替代品,以补充1969年至1972年引进的"豹1NL"坦克。1972年,荷兰在非常仔细地考量了XM1和"豹2AV"坦克的对比测试结果后选择了后者。

1979年3月2日,荷兰向联邦德国订购了445辆"豹2"坦克。这些坦克于1982年开始交付。根据两国的约定,荷兰将生产占坦克总价(参考的是1980年每辆坦克320万马克的定价)约60%的零部件。1981年7月,前4辆"豹2NL"坦克完工。自1982年7月开始,荷兰订购的大部分该型坦克陆续交付。从1982年11月开始,每月的交付量达到10辆。1986年7月,最后1辆"豹2NL"坦克完成交付。这445辆"豹2NL"坦克均改装自第二批次和第三批次生产的"豹2"坦克。其中,

1988年9月,隶属荷兰第41坦克营的一辆"豹2NL"坦克参加了"自由雄狮"(Free Lion)演习。从照片中可以看到,该坦克在炮塔侧面印有部队徽章,并且装备了FN公司产的MAG机枪、荷兰产的烟幕弹发射器和天线底座。(迈克尔·杰歇尔)

278 辆（底盘编号为 12001 至 12278）为克劳斯玛菲工厂生产，167 辆为基尔机械工厂生产（底盘编号为 22001 至 22167）。1983 年，当时驻守在德国塞多夫（Seedorf）总部的荷兰第 4 步兵师第 41 装甲旅第 41 坦克营率先接收了这一新式坦克。

1993 年，隶属第 41 坦克营的这辆 "豹 2NL" 坦克参加了 "轻型毒蛇"（Light Viper）演习，其炮塔周围覆盖的伪装网改变了车体轮廓。（迈克尔・杰歇尔）

　　与第二和第三批次的 "豹 2" 坦克相比，"豹 2NL" 坦克的不同之处在于换用了荷兰产的六管烟幕弹发射器、驾驶员用被动夜间潜望镜、FN 公司产的 7.62 毫米口径 MAG 机枪（1 挺与主炮同轴安装，1 挺用于防空），以及带有美式天线底座的飞利浦公司产的无线电台；不过也有相同之处，比如都焊死了炮塔左侧的补弹口，都安装了炮口校正参考系统等。此外，荷兰皇家陆军（Royal Netherlands Army）此时拥有一支由 20 辆 "豹 2" 驾驶员训练车组成的部队，还配备了 25 辆为 "豹 2NL" 坦克单位提供后勤支援的、牵引力为 600 千牛的 "水牛"（Büffel）装甲救援车。

1996年，特别行动执行部队（简写为 IFOR）下属的驻守波斯尼亚的荷兰特遣队拥有一支"豹 2NL"坦克中队。（卡尔·舒尔茨）

驻守波斯尼亚的荷兰"豹 2NL"坦克中队由一辆"水牛"装甲救援车提供后勤支援。照片拍摄于 1996 年，可以看到该车车身上印有"IFOR"字样。（卡尔·舒尔茨）

1996 年 12 月，IFOR 完成任务后，稳定部队（简写为 SFOR）就立即被派往波斯尼亚。照片中，这辆 1997 年 4 月在波斯尼亚新特拉夫尼克（Novi Travnik）巡逻的、隶属第 101 坦克营 A 中队的"豹 2NL"坦克在炮塔上标有"SFOR"字样。（迈克尔·杰歇尔）

一辆隶属第 42 坦克营的"豹 2A5NL"坦克。该营于 1997 年 5 月首次装备该型坦克。照片中，位于炮塔侧面的荷兰产的烟幕弹发射器清晰可见。（迈克尔·杰歇尔）

然而，1993 年 1 月，荷兰皇家陆军宣布准备将 445 辆"豹 2NL"坦克中的 115 辆淘汰并出售给奥地利，再将另外的 330 辆按照德国"豹 2A5"坦克的标准进行升级。1997 年 5 月，改进后的首批"豹 2NL"坦克完成交付，并首先装备了驻守在荷兰哈费尔特（Havelte）的第 41 轻旅第 42 坦克营。这批坦克采用了德国发明的并被大多数北约国家采用的伪装方案，但保留了荷兰产的无线电台设备、天线座、FN 公司的 MAG 机枪和烟幕弹发射器。荷兰将为"豹 2A5NL"坦克换用炮管更长的莱茵金属公司产的 120 毫米 L/55 火炮。

瑞士

1979 年 12 月，瑞士政府因成本过高而停止了 NKPz 坦克开发项目，并且决定通过购买或获得许可生产的方式在 M1"艾布拉姆斯"坦克和"豹 2"坦克中选择一款作为本国的主战坦克。按照最初的计划，瑞士准备订购 420 辆用于取代"百夫长"坦克和部分 Pz-61 坦克，于是在 1981 年 8 月至 1982 年 6 月对 M1"艾布拉姆斯"坦克和"豹 2"坦克进行了密集测试。最终，更胜一筹的"豹 2"坦克于 1983 年 8 月 24 日被选中，并于 1984 年 12 月获得了瑞士政府的资助。

瑞士实际订购了 380 辆"豹 2"坦克。其中，35 辆（编号为 13001 至 13035）由克劳斯玛菲工厂于 1987 年 3 月和 6 月交付，345 辆（编号为 13036 至 13380）是主要承包商——康特拉弗斯（Contraves）公司根据许可从 1987 年 12 月开始在图恩(Thun)联邦工厂以每月 6 辆的速度进行生产的。这些坦克被定型为"Pz-87"，最后 1 辆于 1993 年 3 月交付。

与德国"豹 2"坦克不同的是，Pz-87 坦克的炮塔后部略有改变：一是左后侧采用了斜面设计并设有一个带保护罩的车组对讲机外部耳机接口；二是右后侧新增了一个用于存放伪装网的储物箱。Pz-87 坦克配备瑞士伯尔尼联邦兵工厂产的 7.5 毫米口径 MG87 机枪，其中的 1 挺与火炮同轴安装，另 1 挺被安装在装填手战位处用以防空。该型坦克还安装了瑞士本国根据许可生产的美国 AN/VCR12 无线电台。在炮塔左右两侧靠近 76 毫米"87 式"（Nebelwerfer 87）烟幕弹发射器的地方，有两个用于临时存放过热的机枪枪管的筒状容器。炮塔左右两侧分别收纳的 3 个和 7 个履刺，再加上车头的 18 个，Pz-87 坦克总共携带了 28 个履刺——坦克在沙漠或冰雪路面行驶时就可用这些履刺来替换同等数量的履带胶垫。为符合瑞士的交通法

1993 年，在图恩的瑞士装甲学校进行的一次演习中，这辆根据许可生产的、采用新式前裙板的瑞士 Pz-87 坦克正处于待命状态。另请注意，炮塔的左前方收纳的履刺。（安德烈亚斯·基尔霍夫）

瑞士是第一个在 Pz-87 坦克上安装排气消声器的国家，该消声器可从照片中图恩装甲部队学校的这辆坦克上看到。（安德烈亚斯·基尔霍夫）

规，Pz-87 坦克还额外安装了宽度指示灯。此外，从编号 13156 开始的 Pz-87 坦克的前裙板均采用了德国第六批次生产的"豹 2"坦克的新设计。所有 Pz-87 坦克都配备了德格拉公司开发的灭火抑爆系统。作为"豹 2"坦克的首个欧洲买家，瑞士还将特别引入的排气消声器成对地安装在所有 Pz-87 坦克的车尾上。这是在瑞士民众的要求下安装的，因为瑞士的大部分训练场地都非常靠近城镇，甚至位于城镇内。

所有 Pz-87 坦克均采用青铜绿（编号为 RAL6031）、皮革棕（编号为 RAL8027）和焦油黑（编号为 RAL9021）三色构成的常规涂装，并安装了炮口校准参考系统。1992 年，图恩联邦工厂开发的新型 140 毫米火炮被提议用于 Pz-87 坦克的升级。此外，瑞士参与了德国 KWS II 阶段的研发，并计划在 2000 年之后对 Pz-87 坦克进行全面升级。

瑞典

1984 年至 1987 年，瑞典为选择下一代主战坦克，进行了代号为"MBT2000"的研究。该研究包括升级当时服役的"百夫长"坦克和 S 型主战坦克，直接购买或通过获得许可来生产国外的主战坦克，或自主开发和生产新式主战坦克。为了测试国外主战坦克在瑞典的作战适配性，瑞典陆军在 1989 年短期租用了一辆"豹 2"坦克和一辆 M1A1"艾布拉姆斯"坦克。经测试，瑞典陆军最终决定以进口坦克取代非常规的 Strv-1 主战坦克——制造于 1966 年的该型坦克具有不设炮塔的独特设计，其设计概念更接近于突击炮而非主战坦克。用于测试的几款竞标坦克分别为法国地面武器工业集团（GIAT）的"勒克莱尔"坦克、通用动力公司的 M1A2"艾布拉姆斯"坦克和克劳斯玛菲工厂的 TVM max（即"豹 2"坦克）。1994 年 1 月至 6 月，瑞典坦克部队对各家坦克的机动性和实弹射击性能进行了大量测试。资料显示，在对比测试中，"勒克莱尔"坦克行驶了 3000 千米，总共消耗 41400 升油料；M1"艾布拉姆斯"坦克行驶了 3820 千米，总共消耗 56488 升油料；TVM max 行驶了 3730 千米，仅消耗了 26874 升油料。通过这些直观数据，孰优孰劣一目了然。然而，瑞典军方的报告显示"勒克莱尔"坦克的测试实现率为 63%，M1"艾布拉姆斯"坦克为 86%，TVM max 为 90%。

1994 年 6 月 20 日，在斯德哥尔摩，瑞典国防物资管理局与克劳斯玛菲工厂签下生产和交付 120 辆"豹 2-S"坦克的合同，而这些坦克被瑞典正式定型为

"Strv-122"。合同内容还包括坦克的使用培训、硬件维护、备用零部件装卸等事宜，以及另外购买 90 辆 Strv-122 坦克或"水牛"救援车（已有这种车辆在瑞典陆军中服役）。虽然克劳斯玛菲工厂是 Strv-122 坦克的主要承包厂家，但坦克底盘被分包给了瑞典的希格伦兹（Higglunds）公司。韦格曼公司是炮塔的主要承包厂家，该公司将生产工作分包给了博福斯（Bofors）公司。火控系统的生产被亚特拉斯电子公司分包给了瑞典的摄氏科技系统（Celsius Tech Systems）公司。120毫米主炮的生产由博福斯和莱茵金属两家公司各承担一半。第一辆 Strv-122 坦克于 1996 年 12 月 19 日正式交付。根据当时的预计，瑞典生产的第一辆 Strv-122坦克将于 1998 年春季交付，最后一辆会于 2001 年交付。

　　Strv-122 坦克是此时"豹 2"系列坦克中最先进的版本。该型坦克的车体前部首上和首下均加强了装甲。驾驶员战位的内部加厚了防崩落衬层，以减轻乘员和仪器被流弹或碎片击中的威胁。在夜间驾驶方面，Strv-122 坦克特别为驾驶员安装了CV-90 步兵战车同款被动夜视仪。由于 Strv-122 坦克的战斗全重为 62 吨，重于德

照片中，这辆克劳斯玛菲工厂生产的 Strv-122 坦克在其炮塔后侧收纳了履带连接器、备用履带和履刺。（安德烈亚斯·基尔霍夫）

237

国"豹2A5"坦克的59.5吨，Strv-122坦克选择了强度更高的、与PzH-2000自行榴弹炮相同的悬挂系统的扭杆，并加固了制动盘。Strv-122坦克的所有油箱都受到特殊防爆液的保护。发动机舱冷却装置会不停地工作，以降低红外特征。若坦克遭到凝固汽油弹的攻击，安装在发动机舱内的冷却装置的热传感器会自动中断风扇与进气口的工作。这种坦克的负重轮的轮毂也覆有装甲。

与"豹2A5"坦克相比，Strv-122坦克也在炮塔正面和侧面加装了同款楔形装甲，但不同的是增强了炮塔顶部、车长舱门和装填手舱门的装甲。这两个舱门因为重量的增加，都改为电动滑动式。Strv-122坦克的车长用周视仪有一个电动控制的护盖，该护盖在需要时可折叠起来以保护光学元件。数字火控计算机可存储多达12种炮弹的数据，包括曳光尾翼稳定脱壳穿甲弹、多用途高爆破甲弹、通用型高爆破甲弹（HEAT-GP）、烟幕弹、反直升机弹药和训练弹药的数据。该计算机还可兼容BT-46直射武器效应模拟器系统。集成在EMES15系统中的激光测距仪发射的是保护人眼的拉曼（Raman）频移激光。Strv-122坦克是欧洲第一

瑞典Strv-122坦克是现役"豹2"系列坦克中最先进的版本。该型坦克与TVM1基本一样，但在炮塔侧面加装了"加里克斯"烟幕弹投射防御系统。（安德烈亚斯·基尔霍夫）

款配备先进的"坦克指挥控制系统"（简称为 TCCS）的主战坦克，该系统集成了可选择显示比例、显示位置，以及决策支持和处理系统的地图功能。内置的计算机辅助坦克检测系统通过 MIL-BUS1553B 总线连接到 TCCS，以便将信息显示在 TCCS 的显示屏上。炮塔左右两侧安装的法国地面武器工业集团的"加里克斯"（GALIX）烟幕弹投射防御系统配备了 80 毫米口径发射筒，能够发射烟幕弹、诱饵弹、信号弹和破片榴弹等。当坦克在沙地、冰雪路面行驶时，炮塔后侧收纳的 16 个履刺可用来更换同等数量的履带胶垫。Strv-122 坦克的涂装采用了绿色、浅绿色和黑色的破坏性伪装方案。

1994 年和 1995 年，在德国库存的前五个批次的"豹 2A4"坦克中，总共有 160 辆被交付给瑞典陆军，并被瑞典定型为"Strv-121"。1994 年 2 月，第一辆 Strv-121 坦克运抵瑞典。这些坦克并未进行明显的改装，到写作此书时仍在瑞典机械化旅服役。

西班牙

1995 年 6 月 5 日，西班牙与德国在布鲁塞尔签订了谅解备忘录。根据该备忘录，西班牙可根据许可生产 200 辆改进型的"豹 2"坦克。根据当时的估计，这批坦克的第一辆将于 1998 年交付，年产量为 40 辆，而且在西班牙的国产化率约为 65%。1995 年 11 月至 1996 年 6 月，德国借给西班牙 108 辆"豹 2A4"坦克用于训练，租赁期为五年。

奥地利

1997 年，奥地利购买了 115 辆被荷兰皇家陆军淘汰的"豹 2"坦克。

丹麦

1997 年 7 月，丹麦向克劳斯玛菲工厂订购了 52 辆库存的"豹 2A4"坦克，这批坦克计划于 1998 年年初交付，后于 1999 年开始的现代化改造项目中升级至"豹 2A5"。

衍生型号

驾驶员训练车

联邦德国国防军"豹2"坦克的驾驶培训，除了进行理论教学和模拟驾驶，还特别生产了31辆驾驶员训练车。这些训练车被分成两批交付。第一批的22辆（编号为19001至19022）于1986年2月至9月交付，其中的8辆由克劳斯玛菲工厂生产，14辆由基尔机械工厂生产。这批车辆的底盘和当时正在生产的第五批次的"豹2A4"坦克的底盘相同。第二批的9辆（编号为19023至19031）于1989年1月至4月交付，其中的5辆由克劳斯玛菲工厂生产，4辆由基尔机械工厂生产。这批车辆和当时正在生产的第六批次的"豹2A4"坦克采用了一样的底盘，而且采用了新设计的前裙板。驾驶员训练车本质上就是普通的"豹2"坦克，只是将炮塔更换为特制的玻璃观察舱，配备了不可发射的火炮模型。在观察舱中，教练员坐在前排操纵优先级高于学员的控制装置，还有两个为观摩的学员提供的位置。荷兰拥有20辆驾驶员训练车，瑞士拥有3辆。

1988年，一辆"豹2"驾驶员训练车行驶于明斯特装甲部队学校内。（乌维·施内尔巴赫）

这辆驾驶员训练坦克其实就是重量更重的、带有玻璃观察舱和模拟炮塔的普通"豹2"坦克。该车的编号表明该车是在基尔机械工厂开始生产 TVM2 之前下线的。(格德·施维尔斯)

BPz3"水牛"装甲救援车

1977 年，联邦德国开始研发新的装甲救援车，以便为即将服役的"豹2"坦克提供后勤支持。"豹2"坦克问世之后，于 1978 年交付的、由"豹1"坦克底盘改装的 BPz2A2 装甲救援车显然难以提供 24 小时全天候后勤支持。而统计数据表明，超过 50% 的失去动力的坦克是能够被修复并重新投入战斗的。因此，联邦德国又启动了一项新型装甲救援车的开发计划，并于 1982 年进行了首次概念研究，旨在开发一种 MLC60（约 54.4 吨）的装甲救援车。1984 年，荷兰加入了该研发项目，签署了最终研发阶段的合同。

1986 年，第一台与 BPz2A2 装甲救援车的布局类似的试验车完成设计，还有一个用作内部布局替换方案的木制模型也被打造出来。1987 年，联邦德国下达了两台原型车的生产任务，还要求第一台试验车也按原型车的标准进行重制。这三台原型车于 1988 年交付并接受了密集的测试。1990 年，联邦德国国防军订购了 75 辆 BPz3 "水牛" 装甲救援车，荷兰皇家陆军订购了 25 辆。其中，55 辆由基尔机械工厂生产，45 辆由克劳斯玛菲工厂生产。在 1992 年 8 月交付的前 3 辆车中，有 2 辆被交付给荷兰皇家陆军，1 辆被交付给德国国防军。BPz3 "水牛" 装甲救援车使用了 "豹 2" 坦克的底盘。该车的驾驶员战位被设置在上层结构内靠前的位置，其后为车长战位，而乘员可从车上的三道舱门进出。该车装备了灭火抑爆系统、三防保护系统和深水潜渡设备。夜间驾驶时，驾驶员可用被动夜视仪替换普通的潜望镜。和平时期，该车一般由两名乘员操作，但也预留了第三名乘员的位置。该车将发动机舱设在车体后部，其动力包与 "豹 2" 坦克的相同。

首个接收 "水牛" 装甲救援车的部队是第 104 侦察营。1993 年，照片中这辆车参加了 "轻型毒蛇" 演习。（迈克尔·杰歇尔）

BPz3 "水牛" 装甲救援车在右前侧安装了一具荷载为 30 吨、可旋转 270 度的大型吊臂。吊臂配备的电子动量限制器能够实时计算起吊高度、车体倾斜度和起吊重量等参数，以防止超载。吊臂在不使用时会收缩在车体右侧并指向后方。安装在车体前部的主绞盘为罗兹勒・特雷布马蒂克（Rotzler Treibmatic）公司的 TR650/3 绞盘：绞盘的钢制绞绳长 180 米，直径为 33 毫米；能牵引重达 35 吨的物体，在使用滑轮时还可翻倍；最高恒定牵引速度为 16 米 / 分。车体上的绞绳滚轮导轨开口受到一个铰链式装甲盖的保护，该装甲盖在绞盘工作时可向上打开。绞绳会在绞盘上的凹槽中滑动，以减轻磨损。该车还设有一个罗兹勒・特雷布马蒂克公司生产的 HZ010/1-8 辅助绞盘，其钢制绞绳长 280 米，直径为 7 毫米。

1994 年，隶属第 33 坦克营的一辆 BPz3 "水牛" 装甲救援车正在参加演习，其发动机舱盖上设有储放备用动力包的专用支架。该动力包重约 6100 千克。（迈克尔・杰歇尔）

BPz3"水牛"装甲救援车的推土铲上的快速回收装置可使乘员在装甲的保护下回收损毁的坦克。(乌维·施内尔巴赫)

BPz3"水牛"装甲救援车的发动机舱上，有能够放置一整套坦克动力包的专用支架。车体前部的推土铲宽 3420 毫米，高 880 毫米，能够用于清障或推土作业。在进行牵引和起重操作时，推土铲还能降下来，以起到稳定支撑的作用。该车配备了悬挂锁定系统，以防止车体在作业中发生不必要的移动。该车还配备了电动切割和焊接设备、各种类型的拖车挂钩和自我脱险系统。推土铲在组装上快速救援杆后可帮助受困车辆迅速脱险。该车还配备了加油和放油设备。该车的武装包括 1 挺主要用于防空的 7.62 毫米口径 MG3 机枪，以及 16 具 76 毫米烟幕弹发射器（车体前部有 2 组共 8 具，后部有 1 排共 8 具）。

BPz3"水牛"装甲救援车的战斗全重为 54.3 吨，最大牵引能力约为 62 吨。该车的最高速度为 68 千米 / 小时，第二倒挡的最高速度为 30 千米 / 小时。当注满容量为 1620 升的油箱时，该车的公路续航里程为 650 千米，越野续航里程为 325 千米，最大潜渡深度为 4 米。与该车的德国版本相比，被正式称为"Bergingstank"

的荷兰版本仅有一些细微的差别，包括装备了荷兰 FN 公司的 MAG 机枪、荷兰产的飞利浦无线电台和美式天线支架，车头有 6 具荷兰产的烟幕弹发射器，吊臂顶部加装了储物箱。在救援效率方面，BPz3"水牛"装甲救援车能够在 25 分钟内为"豹 2A4"更换动力包，为"豹 2A5"坦克更换动力包则需要 35 分钟。该车的一些救援设备被韩国 K-1 救援车和法国"勒克莱尔"救援车借鉴。

"豹 2"坦克的未来发展

坦克与时俱进的必要性和制造成本之间的矛盾，导致许多重要项目不得不被放弃。无论如何，未来先进装甲和战车的研发任务不可谓不艰巨。许多项目和测试报告至今也未公之于众。

这是一张 EGS 试验车的后视照片，展示了安装在该车车尾的消声器。EGS 试验车在外形上与"豹 2"坦克非常相似，但实际采用了新设计的底盘以最大限度地提高该车防御地雷的能力，还采用了尺寸更大的负重轮。（迈克尔·杰歇尔）

根据已知消息，联邦德国曾在 20 世纪 80 年代前后开展了 EGS 双炮管综合防御试验车项目，而克劳斯玛菲工厂于 20 世纪 90 年代初生产出了样车。EGS 试验车看起来不过是又一款由"豹 2"坦克的底盘改装来的试验车。然而，该车实际采用了全新的设计，比如乘员战位采用双人并排布局，独立运动系统的车轮与车体连接处嵌有胶质密封结构，以及使用了直径为 810 毫米的负重轮。此外，该车采用了宽约 635 毫米的端连接履带和嵌入式驱动轮，从而取得了更好的降噪效果。底盘设计最大限度地提高了该车防御地雷的能力，上部车体也采用了降低红外特征的设计。到本书写作时，该车还没有装配炮塔，只用一个特殊的护盖来保护车内仪器。

总之，"豹 2"坦克代表了真正的德国工程精神。作为整个德国武装体系中可靠的一员，"豹 2"坦克会继续在 21 世纪服役。

彩图介绍

1980 年，明斯特，配备 PZB200 低亮度电视系统的"豹 2"坦克（第一批次），隶属第 9 装甲旅第 93 坦克营

"豹 2"坦克刚开始批量生产时，EMES15 火控系统的热成像仪尚未投产。于是在第一批次生产的 380 辆"豹 2"中，有 200 辆临时安装了 PZB200 低亮度电视系统以提供一定的夜间作战能力，并且在炮盾顶部安装了探头。第一批次生产的前几辆"豹 2"坦克于 1980 年交付明斯特装甲部队学校，用于下级部队的军士和军官的训练。首批装备"豹 2"坦克的部队包括隶属第 9 装甲旅的第 93 坦克营和第 94 坦克营。这两个营都驻守在明斯特，以便为当地的装甲部队学校提供支持。当时，"豹 2"坦克的整体涂装为标准橄榄黄（编号为 RAL6014）。除了印有老式大号的十字军徽，炮塔上还有黑白相间的标准战术编号，比如图中的"232"表示这辆坦克是第 2 连第 3 排的 2 号车。

图中的标识还有：

1. a，营徽，位于炮塔左前方；
2. b，MLC 标识（黄色圆圈内的黑色数字"60"，表示 MLC60）；
3. c，营连战术标识，包括左前挡泥板上和后板左侧的白色标识。

1988 年，吕特默森，"豹 2A2"坦克（现代化改造第一批次），隶属第 1 装甲师第 33 坦克营第 4 连

从生产第二批次的"豹 2A1"坦克开始，EMES15 火控系统换上了新式热成像仪。1984 年至 1987 年，第一批次生产的 380 辆"豹 2"坦克进行了现代化改装，并被定型为"豹 2A2"。驻守在汉诺威附近的吕特默森的第 1 装甲师第 33 坦克营作为首批装备"豹 2"坦克的部队之一，营中的坦克全部来自第一批次生产的坦克。图中这辆坦克采用了 1984 年生产第四批次时推出的青铜绿（编号为 RAL6031）、皮革棕（编号为 RAL8027）和焦油黑（编号为 RAL9021）组成的标准三色涂装方案。这一方案后来被许多其他国家以类似的形式采用，比如美国陆军首次于 1986 年为 M1A1 坦克应用了类似的涂装。

图中这辆坦克的标识：

1. a，涂装换用新迷彩方案后，十字军徽和战术标识都缩小了，而且战术标识以灰色（编号为 RAL7000）印制；
2. b，MLC 标识，以灰色印制且位于焦油黑色圆圈内；
3. c，营徽，位于炮塔的左前方；
4. d，车牌，位于车头和后板。

1991 年，布伦瑞克，"豹 2A4"坦克（第二批次），隶属第 1 装甲师第 24 坦克营第 4 连

这辆"豹 2A4"坦克由第二批次生产的"豹 2A1"升级而来，其炮塔左侧的补弹口已被焊死。驻守在布伦瑞克的
第 1 装甲师第 24 坦克营装备的坦克全部来自第二批次生产的"豹 2"坦克。除了采用标准迷彩方案并印有战术标识，
这辆坦克还在炮塔右侧印有车长的姓名。炮塔左侧的战术编号以灰色描边。车牌挂在车头和车尾的常规位置。位
于炮塔后侧的营徽和营级战术标识表明了该车所属连队。

1997 年 4 月，波黑诺维特拉夫尼克，"豹 2NL"坦克，隶属西南多国师荷兰稳定部队第 101 坦克营 A 中队

这支荷兰中队拥有 14 辆"豹 2NL"坦克，其隶属的西南多国师（简写为 MND-SW）归英国统一调度。自 1996 年 12 月执行维稳任务以来，该中队一直驻守在波黑，并于 1997 年 5 月结束服役期。图中这辆坦克采用了橄榄褐色涂装，并在炮塔处印有醒目的白色"SFOR"字样。在这几个字母的旁边还有没那么显眼的黑色"ACRID"字样，其首字母"A"表示该车所属中队。炮塔左后侧印有黑色"胡萨尔骑士"（Hussar）图案。

该坦克的标识还有：

1. a，MLC 标识（位于黄色圆圈内的黑色数字"60"，表示 MLC60）；
2. b，车牌，位于车头和后板；
3. c，白字战术标识，位于车头和后板。

1993 年，图恩，Pz87 坦克，隶属装甲部队学校

Pz87 坦克于 1988 年开始装备瑞士军队，接着很快就在车尾处加装了降噪消声器。这是在瑞士民众的要求下安装的，因为瑞士大部分训练场地都非常靠近城镇，甚至位于城镇内。该坦克的独特之处在于炮塔两侧各有两个用于临时存放过热的机枪枪管的筒状容器。本图显示的是位于炮塔右侧且靠近白色战术编号的筒状容器。图中的坦克由瑞士根据许可生产，其前裙板采用了新的设计。车牌（a）位于车头和后板。

1992 年，明斯特，"豹 2A4"坦克（第八批次），隶属明斯特装甲部队学校

第八批次的"豹 2A4"坦克比较稀有，仅生产了 73 辆。该批次的大部分坦克在第 1 山地师第 8 坦克营服役，其他则由明斯特装甲部队学校使用。其中，有少部分被改装为"豹 2A5"坦克。图中这辆由基尔机械工厂生产的"豹 2A4"坦克，于 1992 年开始被明斯特装甲部队学校用于训练学员。图片展示了该车采用的新设计的后裙板。从第六批开始的"豹 2"坦克还采用了重甲前裙板。这辆坦克的前裙板上面有粉笔画的卡通图案。

1997 年 7 月，吕特默森第 3 装甲战斗训练中心，BPz3 "水牛" 装甲救援车，隶属第 7 装甲师第 21 装甲旅第 33 坦克营第 1 连

这辆 BPz3 "水牛" 装甲救援车产自基尔机械工厂，是隶属吕特默森的第 33 坦克营第 1 连的 4 辆该型装甲救援车之一，而且其配置完全遵照了 "豹 2A5" 坦克的标准。德国武装力量重组后，该营并入作为危机反应部队一部分的第 21 装甲旅，而该旅隶属的第 7 装甲师受杜塞尔多夫军区第 3 指挥部指挥。该车的车体上部印有 "WOTAN" 字样（a）以及营徽。发动机舱上的特殊支架存放着备用发动机。该发动机的湿重约为 6.1 吨，远轻于车载吊臂 30 吨的极限荷载。

1996 年，明斯特，"豹 2A5" 坦克（第六批次），隶属明斯特装甲部队学校

这辆坦克是第六批次的、由基尔机械工厂生产的 "豹 2A5" 坦克（编号为 20877），也是首批交付德国国防军的坦克之一。从 1996 年 4 月起，这辆坦克被第 214 坦克营用于训练乘员，而该营不久也装备了该型坦克。这辆坦克装备了早期型号的车长用 PERI R17A2/TIM 主周视仪，没有安装附加装甲。其车头附近的指示灯受到额外保护，但之后的批次就取消了这一设计。其炮塔上印有装甲部队学校的战术标识和徽记（a）。

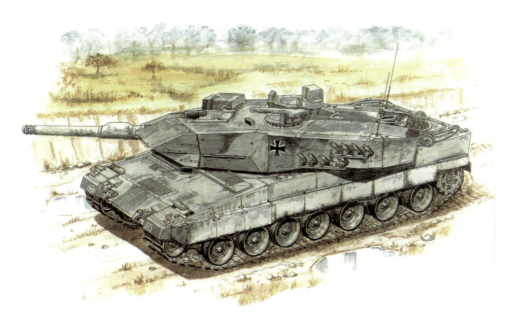

1993 年，明斯特装甲部队学校 ATV 基地，TVM2，隶属 KWS Ⅱ测试指挥部

由于 TVM1 计划中的两款样车成本过高，德国国防部只得放弃该计划并另寻他路——更精简的 TVM2。TVM2
的研发和经费完全由工业界承担。TVM2 以基尔机械工厂生产的、克劳斯玛菲工厂改装的第五批次的"豹 2A4"
坦克为基础。后来，明斯特装甲部队学校的一支技术分队对其进行了密集试验。图中展示的是 1993 年秋在明斯
特的训练场接受评估试验的 TVM2，该车为"豹 2A5"坦克的前身。该车车体的迷彩几乎被尘土完全覆盖。

"挑战者 -2" 主战坦克
（1987—2006 年）

第五部分

"酋长"坦克替换计划

20 世纪 80 年代中期,苏联主战坦克的年产量超过 3000 辆,而且其中不乏 T-64 和 T-72 等性能强悍的型号。这对当时装备"酋长"和"挑战者 -1"两款主战坦克的英国陆军构成严重威胁。因此,英国实施了"'酋长''挑战者'改进项目"(Chieftain/Challenger Improvement Programme)。该项目的主要内容包括对这些坦克的炮塔进行人体工学改进,以及实现火控系统的现代化。英国还同步启动了"'酋长''挑战者'武装"(Chieftain/Challenger Armament,简写为 CHARM)升级项目,项目内容涉及开发新的高性能 120 毫米 XL30E4 线膛炮,改进现有的 120 毫米 L11 火炮,以及升级与新旧火炮配套的弹药。此外,还有一项针对"酋长"坦克的名为"斯蒂尔布鲁"(Stillbrew)的装甲增强专项计划,旨在对抗 T-64 和 T-72 坦克的 125 毫米火炮的攻击。这些项目都是英国下一代主战坦克出现之前的过渡手段。

关于下一代主战坦克的问题,英国装备政策委员会面临抉择:是继续采购并全面改进"挑战者 -1"坦克,还是引进设计成熟的、与北约武器兼容性强的 M1"艾布拉姆斯"或"豹 2"(二者均使用了可相互兼容的 120 毫米滑膛炮)等国外坦克。1986 年 11 月,英国军械局局长理查德·文森特(Richard Vincent)爵士来到位于泰恩河畔纽卡斯尔(Newcastle upon Tyne)的维克斯防务系统(Vickers Defence Systems)公司,就该公司是否有能力研制出新型坦克以替代现役的 986 辆"酋长"坦克进行了调研。之后,该公司立即着手新型坦克的研发,尝试将改造过的 Mk7 坦克炮塔和经过升级的"挑战者 -1"坦克底盘组合在一起。1987 年 3 月 30 日,在维克斯防务系统公司总部——俯瞰伦敦泰晤士河的米尔班克大厦(Millbank Tower)里,公司代表首次向国防部正式展示了"挑战者 -2"[1] 的设计。

《"酋长"坦克替代计划工作要求书》

1987 年 11 月 30 日,英军在经过慎重考虑后正式提出"陆地系统作战要求 1 号案"(Land Systems Operational Requirements 1,简称 LSOR1),其中还包括了 SR(L)4026 号文件,即《"酋长"坦克替代计划工作要求书》。这一文件的出台是由于"挑战者 -1"坦克在 1987 年 6 月举办的"加拿大陆军杯"比赛中成绩垫底,而且英军于同年 7 月发现"挑战者 -1"坦克有许多亟须解决的故障问题和设备缺陷。[2] 与 M1A1 "艾布拉姆斯"坦克、"豹 2"坦克甚至"豹 1"坦克相比，"挑战者 -1"坦克的猎歼效率低下，这一点在移动射击时尤为明显。然而，要达到 SR（L）4026 号文件的要求，就连当时的 M1A1 "艾布拉姆斯"坦克和"豹 2A4"坦克都是有所欠缺的。此外，如果真要按照计划将"酋长"坦克逐辆替换掉，那就会存在一个两种主战坦克共同作战的过渡时期。在这期间，二者使用的弹药和后勤备件的兼容将是一个大问题。鉴于"酋长"坦克的火控系统与比赛中表现糟糕的"挑战者 -1"坦克的火控系统大体相同，替换"酋长"坦克的问题变得更加急迫，维克斯防务系统公司也被要求加急完善相关替换方案。经过一整个圣诞节的紧张工作后，该公司于 1988 年 2 月 10 日向英国国防部提交了正式的新式坦克设计方案。接着，该公司又在这一年提交了两个经过改进的方案并获得了相应的国家合同。

SR（L）4026 号文件所列的要求非常具体。要达到这些要求，只有通过改进现有的 M1A1 坦克或"豹 2"坦克，或者严格验证维克斯防务系统公司的新型坦克设计方案。这三个方案此时还停留在纸面上，但 M1A1 坦克和"豹 2"坦克毕竟已有成品且各方面相对成熟，而维克斯防务系统公司的设计方案只是吸取了 Mk7 和巴西恩格萨（Engesa）公司的 EE-T1 "奥索里约"（Osorio）两款坦克原型车的经验，尽管该公司有多年的装甲战车设计和生产经验。然而，英军部分高层急于替换"酋长"坦克，而且考虑到"豹 2"坦克炮塔的正面装甲存在明显弱区，于是要求马上向美国采购 M1A1 "艾布拉姆斯"坦克。出于政治方面的考量，此事又被提交给英国内阁审议。结果，时任首相的撒切尔夫人直接否决了军方的决定并指示国防部重新商定。

维克斯防务系统公司获得国家合同

1988 年 12 月 20 日，英国国防部长乔治·杨格（George Younger）向下议院宣布，为使维克斯防务系统公司有机会证明其设计方案能够达到 SR（L）4026 号文件的要求，该公司将获得价值 9000 万英镑的国家合同，以开展为期 21 个月的"演示验证"（Demonstration Phase）。1989 年 1 月 20 日，合同正式签订。该合同对新型坦克的整体性能做了具体规定，包括但不限于可靠性、可维护性、生存能力和最重要的战斗性能。换句话说，维克斯防务系统公司需要证明其替代"酋长"的新型坦克能够"在规定的服役日期前，按照规定的标准成功完成开发和生产，且最终价格不超过既定的数额"。合同还约定了三个检验实际进展的时间节点，分别是 1989 年 9 月、1990 年 3 月和 1990 年 9 月 30 日。在这些节点上，维克斯防务系统公司需要证明其新型坦克能够达到官方制定的"十一条戒规"（The Eleven Commandments，规定了坦克的潜在性能），才有资格与其他国外竞标坦克同台竞技。

在德国法林博斯特尔基地的坦克停放区，苏格兰皇家龙骑兵团的这匹名叫"拉米利斯"（Ramillies）的鼓马（Drum Horse）和一名风笛手正在进行表演。根据此时的计划，"挑战者 –2"坦克将服役至 2035 年。在此期间，该型坦克会根据"重型装甲路线图"（Heavy Armour Road Map）这一计划进行若干调整和改进。该计划中最重要的一项项目是"'挑战者 –2'坦克杀伤力增强项目"（Challenger 2 Lethality Improvement Programme）。该项目计划用新式的 120 毫米滑膛炮取代原先的 L30A1 线膛炮，这就会牵扯到新型弹药的研发和库存旧式弹药的处置问题。另外一项需要优先考虑的改进是，参照独立全景热成像解决方案配置车长用主瞄准仪。无论最终结果如何，"挑战者 –2"坦克仍将是最强大的几款在役主战坦克之一，同时也是少数经过实战检验的主战坦克之一。（苏格兰皇家龙骑兵团）

合同还规定，"'酋长''挑战者'武装"升级项目的主承包商为维克斯防务系统公司，项目的研发工作由英国皇家兵工厂（Royal Ordnance）负责。该项目第一阶段（代号 CHARM 1）的研发内容涵盖 120 毫米 XL30E4 高膛压线膛炮和 XL26 尾翼稳定脱壳贫铀穿甲弹的设计和开发。海湾战争期间，配备 120 毫米 L11A5 火炮的"挑战者-1"坦克凭借 L26 穿甲弹和 L14 推进剂装药这一组合无往不利。而项目的第三阶段（代号 CHARM 3）又研发出比 L26 穿甲弹的穿深高 25% 的 L27A1 穿甲弹和 L16A1（后为 L17A1）推进剂装药的组合，还研发出与"挑战者-2"配套的瞄准设备、弹药架和储物机构等。最终，120 毫米 L30A1 线膛炮被确定为"挑战者-2"坦克的主武器。这一阶段还试图为所有 420 辆"挑战者-1"改装上该款火炮，以提高整体的武器通用性。

国外竞标坦克

根据 SR（L）4026 号文件的要求，投标人应至少生产 600 辆可替代"酋长"的主战坦克并使其与现役的 420 辆"挑战者-1"一同服役。另外，英国国防部国防采购主管彼得·莱文（Peter Levene）爵士也颁布法令：出于自由市场利益的考量，任何能够满足 SR（L）4026 号文件要求的坦克生产国都有资格参与"酋长"坦克替代计划的竞争。起初，英国的"邀请函"没有收到什么回应，因为在此之前没有哪个坦克生产国发起过这种可能有损本国坦克工业的公开竞争。北约国家的坦克生产商都不太相信这种竞争会是公平、公开的，认为这不过是纸上谈兵，不值一晒。

尽管如此，克劳斯玛菲工厂和通用动力陆地系统部都在 1987 年 8 月提交了各自的标书。克劳斯玛菲工厂提交的是改进版的"豹 2A4"（后被定型为"豹 2A5"）标书，该设计针对英方发现的旧型号的缺点做了改进，如采用了新的楔形炮塔。通用动力陆地系统部提交的是"M1Block2"（后被定型为"M1A2"）标书，其第一台样车于 1990 年 7 月被生产出来。上述两款坦克都配备了莱茵金属公司产的 120 毫米滑膛炮，使用的弹药相互兼容。

1990 年 4 月，英美德三国举行了一系列高层会议，英国官方开诚布公地承诺所有投标人的方案都将接受公平而彻底的检验，以判定其是否符合 SR（L）4026 号文件的要求。随后，克劳斯玛菲工厂和通用动力陆地系统部又提交了自家坦克更详细的规格参数，以及在初始阶段用于前期测试的样车。两家的坦克均采用了类似于"挑战者-2"坦克的、传统的四人组乘员布局，都为车长战位配备了独立稳定全景瞄准仪——能够自主执行当时被称为"猎-歼"（Hunter-Killer）模式的索敌和交战程序。整个索敌和交战程序具体说来就是，车长先通过360度全景视野观察战场，一旦发现目标，就会拉近镜头以标记目标，然后向目标发射激光来测量火力解决方案所需的数据；接着，他会按下使炮塔自动转向的开关，以便炮口对准火控计算机计算出的精确位置；最后，炮手不必再花时间重新测距就能立即发起攻击，而且车长也能同时执行针对下一个目标的交战程序。通过这种方式，坦克可在最短的时间内快速打击位于不同方向的多个目标。不过，在这个讲究政治正确的时代，英国皇家装甲兵团不再使用"猎-歼"这个词，而改用"战场管理"这一术语。

英国发起的"酋长"坦克替代计划标志着坦克生产国发生了一次激进的转变。照片中展示的是参与该计划早期比较评估的各型坦克，从左到右依次为披挂了"斯蒂尔布鲁"装甲的"酋长"坦克、"挑战者-1"坦克、M1"艾布拉姆斯"坦克、维克斯公司的 Mk7/2 坦克和"豹2A4"坦克。

"挑战者-2"坦克的炮手和车长用瞄准控制器在布局上与索尼 PS 游戏手柄惊人地相似。原先复杂的坦克火控系统操控经过化繁为简,更便于新兵训练。照片中,瞄准控制器的按键和摇杆对应的功能从左到右依次为:启动昼夜瞄准仪,调节放大倍数,控制激光测距仪和切换自动瞄准,选择武器,控制炮塔转向和炮管俯仰角度,以及调整火力大小。发射按键位于手柄背面的左侧;手柄背面的右侧设有系统激活开关,这个开关必须一直按住才能输入有效的发射指令。(西蒙·邓斯坦)

除了上述两款竞标坦克，法国地面武器工业集团的"勒克莱尔"坦克随后也参与了竞标。该坦克设计新颖、结构紧凑且机动性强。此外，由于配备了自动装弹系统，"勒克莱尔"坦克的车组乘员仅有车长、炮手和驾驶员三人。不过，英国皇家装甲兵团对这种设计缺乏信心，能够让其入围主要是考虑到欧洲盟国之间的团结。时值 1987 年年末，维克斯防务系统公司开始投入资金试造多座炮塔，初始投资金额达 560 万英镑。1988 年秋，第一座炮塔完工。此外，维克斯防务系统公司还与许多厂家合作，委托后者生产炮塔。这些分包厂家总共自筹了约 2000 万英镑的资金并承诺自负盈亏。在 1989 年 1 月 20 日签下"演示验证"国家合同后，维克斯防务系统公司就着手生产 9 台"挑战者 -2"原型车以及另外 2 座炮塔。其中，1 座炮塔用作武器试验台，1 座用于试验炮塔装甲的防御性能。

"挑战者 -2"原型车

1990 年 9 月 30 日，9 台"挑战者 -2"原型车在利兹（Leeds）新建的巴恩博工厂（Barnbow Works）完工，而且成本都控制在了预算范围内。评标将从该年 10 月持续到年底，届时将宣布获胜者。如果"挑战者 -2"原型车成功夺标，维克斯防务系统公司会先与国防部签订一份"过渡性合同"，再于 1991 年 1 月拿到正式研发合同。必须指出的是，评标的目的并不是要角逐出性能最佳的坦克，而是要确定哪一款坦克最符合 SR（L）4026 号文件的要求。针对每一款参与竞标的坦克，英方都会从陆军各连中选出经验丰富的乘员，并将其组成专门的测试团队。各测试团队之间不得有任何接触和沟通，测试数据也要由不同的机构进行评估以确保评标过程的公平性和彻底性。

1990 年 8 月 2 日，第二次海湾战争爆发。受此影响，评标没有进行。当时，维克斯防务系统公司的全部资源都用于支持第 7 装甲旅的"挑战者"坦克。这些坦克被部署到沙特阿拉伯并参加了"格兰比行动"（Operation Granby）。第 7 装甲旅下设 2 个装备"挑战者"坦克的装甲团和 1 个装备"武士"（Warrior）步兵战车的装甲步兵营。同年 11 月 22 日，英国第 4 装甲旅的 221 辆"挑战者 -1"坦克被部署到海湾地区并被编组为英国第 1 装甲师。这些坦克经过多项改进，增强了可靠性和生存能力。1990 年 10 月 1 日，维克斯防务系统公司开发的首批 160 副"挑战者"坦克改进套件开始运往沙特阿拉伯的朱拜勒港（Port of Al Jubail）。这些坦克在运抵战区后，由英国皇家电子及机械工兵团的技术人员、维克斯防务系统公司的"维克斯志愿者"支持团队，以及来自巴尔和斯特劳德（Barr and Stroud）、大卫·布朗（David Brown）、马可尼（Marconi）、珀金斯（Perkins）等公司的团队进行了改装。通过各方的努力，有176辆"挑战者-1"坦克参与了代号为"沙漠军刀行动"（Operation Desert Sabre）的地面进攻。其中，有174辆顺利执行了任务，只有2辆因发生碰撞而损坏了火炮。没有参加此次行动的"挑战者-1"则被当作战备坦克。此外，12辆"挑战者"装甲救援车直接从纽卡斯尔的阿姆斯特朗工厂（Armstrong Works）被部署到海湾地区，这比预计的服役时间提前了7个月。实战证明，这种车辆可靠性极佳，在地面进攻期间实现了百分之百的可用率。"沙漠军刀行动"期间，"挑战者-1"坦克没有一辆被损毁，却摧毁了300多辆敌方装甲战车。

"挑战者"装甲救援车在英国皇家电子及机械工兵团工程师的操作下能够为前线的装甲部队提供即时的救援和后勤支持。该车的主绞盘为液压驱动的双卷筒式绞盘，其钢绳长150米，单根钢绳的最大牵引力为510千牛。前置推土铲可用作地锚或吊臂作业时的驻锄。亚特拉斯AK6000M8吊臂为液压驱动，能够吊起整套的"挑战者-2"坦克动力包，有助于现场更换作业。英国共采购了81辆该型装甲救援车。照片中这辆隶属特别行动执行部队的救援车于1996年在波斯尼亚执行任务。

英国下议院国防委员会在其战争报告中写道："坦克是陆战取胜的决定性因素，而英国第 1 装甲师的'挑战者 -1'坦克为这场胜利做出了重要贡献。"1991年 3 月 19 日，时任英国首相的约翰·梅杰（John Major）在回答下议院的提问时称："'挑战者 -1'坦克在海湾战争中的表现绝对堪称出色，远超所有人的期望。"虽然"挑战者 -1"受到各界认可，但"酋长"坦克替代计划还是要继续推进的。尽管"酋长"坦克替代计划一直被当作"核心项目"，英国财政部也批准全额资助该项目，但在经过战略防御审查之后，对于英国陆军所需的坦克总数仍存在相当大的争议。

　　1991 年春，评标正式进行。四款坦克各有千秋，但"勒克莱尔"坦克因前文所述的设计问题而出局。另外三款坦克都符合 SR（L）4026 号文件的要求。不过在英国陆军中，特别是皇家装甲兵团中，有一支颇具影响力的派系十分推崇德国的工程技术。持这种观点的人被戏称为患了"宝马综合征"，但在当时，这种观点足以形成一股支持"豹 2"改进版的舆论。尽管"挑战者 -2"坦克被认为具有更强的生存能力等优点，但"豹 2"坦克的"全寿命周期成本"（Whole Life Costs）更低，而这正是英国财政部一直以来最关心的问题。还有一部分人依旧支持 M1A2 坦克。由于各方意见相持不下，英国国防采购局将最终决定权交给了政府。

选择"挑战者 -2"的过程

评标结果最终交由英国内阁决定，这就有很多问题需要考虑了。最重要的莫过于"战略防务审查"（Strategic Defence Review）发现的预算紧张的问题，这在 1991 年英国国防部设备采购长期成本计算中体现得尤为明显。这一问题直接导致英国在短时间内可承担的坦克生产数量大幅减少，"酋长"坦克和"挑战者 -1"坦克的替代计划更是无从推进。美德两国对这一变化感到无比愤怒，毕竟一开始招标的内容是用新坦克逐步替代老旧的"酋长"坦克，以使其与"挑战者 -1"坦克一同服役。但冷战结束后，新的战略地缘政治局势着实存在很多不可预见的因素。这意味着，英国但凡不把当时服役的所有坦克都进行迭代，也就不必考虑其坦克的主武器与其他北约坦克使用的滑膛炮兼容的问题。但内阁最后得出的结论是，只有确保新型坦克与"挑战者 -1"坦克之间的武器兼容，英国对北约快速反应部队（NATO Allied Rapid Reaction Corps，简写为 ARRC）的贡献才会更大。而促成这一结论的关键因素在于英国一直想为"挑战者 -1"坦克改装 120 毫米 L30 高压线膛炮。

减少坦克的采购量，尤其是国外坦克的采购量也涉及一些财政问题。比如，在坦克生产数量不足 500 辆的情况下，联合生产就不再是一个经济的方案。就拿"豹 2"坦克来说，克劳斯玛菲工厂估计德国本国最多可生产 60% 的坦克，而且单位成本没有明显的增加，但瑞士的经验表明事实并非如此。在瑞士总共采购的 380 辆"豹 2A4"坦克中，有 345 辆系瑞士根据许可在本国生产的。生产开始前，瑞士官方花费了整整两年的时间与各分包厂家就合同进行了单独谈判，这不仅导致坦克的单位成本较原价至少高了 25%，还推迟了坦克交付和服役的时间。

此外，坦克采购量的减少必然会减少英国坦克制造业的就业岗位，而许多分包厂商又分布在全国的各边缘选区。保守党政府清楚地知道，英国北部泰恩河畔地区的制造业在过去十年中流失了数万个就业岗位。此外，维克斯公司内部也暗自担忧，如果公司未能夺标，那就可能参与不了联合生产，也拿不到任何业务。最后，英国可能会永远失去将自家生产的坦克销往国际市场的机会，尽管当时除了被出口到伊朗，"酋长"坦克就没能出口到其他国家。

国防采购中的政治因素

　　所有重大的军备采购计划都会受到政治因素的影响，涉及金额超过 20 亿英镑的"酋长"坦克替换计划自然也不例外。就在前几年，英国自主研发的"猎迷"（Nimrod）预警机在耗资数十亿英镑之后仍未达到服役标准。最后，英国皇家空军不得不向美国购买了波音公司产的 E-3 预警机，这可比自主研发便宜得多。有了这样的前车之鉴，英国政府决心通过公开竞标，争取把钱用在刀刃上。毕竟，政府的主要义务之一就是要买到性价比最高的军备，这样才对得起纳税人的钱。尽管如此，在海湾战争期间，"挑战者 -1"的出色表现和英国坦克制造业给予的大力支持都不能不提。更重要的是，这场战争为英国坦克的设计理念——主战坦克应具备的两大重要属性，即为乘员提供重型装甲防护的同时，还要具备远距离

作为"挑战者 -2"坦克采购计划的一部分，英国开发了一整套能够模拟火控计算机，以及装弹和射击等操作的坦克训练模拟设备。照片中展示的是由部分任务训练器和炮塔射击训练器组成的精确射击训练器。这套训练器还原了炮手战位、车长战位，以及所有的瞄准系统、控制装置、调节开关和指示器，能够模拟在中欧、加拿大草原、城市、沙漠和坦克射击场等五种场景中进行各种类型的战斗，每种场景的面积达 100 平方千米。计算机图像和训练程序都制作得非常逼真，这使新人炮手在第一次移动发射碎甲弹时通常都能命中 1500 米射程范围内的目标。（西蒙·邓斯坦）

摧毁敌方装甲车的强大火力——"做了最好的辩护"。但话又说回来，参与竞标的其他坦克在这两方面也做得很好。

负责做出最终决定的内阁小组委员会由时任首相的约翰·梅杰、国防大臣汤姆·金（Tom King）、外交大臣道格拉斯·赫德（Douglas Hurd），以及贸易和工业大臣迈克尔·赫塞尔廷（Michael Heseltine）组成。最初，英国首相考虑到东欧地区地缘政治局势的变化和公共支出的压力，对新型主战坦克的必要性提出了质疑。英国国家审计署也强调了本国自研的"猎迷"预警机的失败，建议慎重做出决定。国防大臣在衡量了国防需求和战略安全因素后，表示无法给出明确的建议。外交大臣保持中立，只是表示"挑战者 -2"坦克若能出口到中东国家，可能会带来一些外交政策上的益处。

这些人中，只有贸易和工业大臣做了明确表态。他认为坦克制造业给一个国家带来的政治荣誉不亚于拥有核武器，而且进口国外坦克无异于承认本国工程能力不足，这是在把潜在的国外客户往外推。他还强调如果"挑战者 -2"坦克未能夺标，可能还会增加整个国家，特别是北部地区的失业率。首相在经过慎重考虑并得到其他内阁小组委员会成员的认可后最终选择了"挑战者 -2"坦克，但要求维克斯防务系统公司必须严格遵守合同条款。1991 年 6 月 21 日，国防采购部长艾伦·克拉克（Alan Clark）代表英国政府于下议院宣布决定选择"挑战者 -2"坦克来替代"酋长"坦克。

1991 年 6 月 28 日，星期五，仅仅在政府宣布决定的七天后，英国国防部便和维克斯防务系统公司签订了研发"挑战者 -2"和生产 127 辆该型坦克的合同。这第一批的 127 辆坦克预计将于 1993 年年末进入第 4 装甲旅和第 7 装甲旅服役。此外，国家还订购了 13 辆驾驶员训练车，首批交付的时间也预计在 1993 年。这份总金额达 5.2 亿英镑的固定价格合同设定了 23 个检验实际进展的时间节点，明确规定维克斯防务系统公司作为整个产研计划各个环节的主要承包厂家，必须承担包括训练设备、一线备件和全面后勤支持（包括英军内部的部署）在内的所有责任。此外，对于坦克应达到的可靠性标准也有非常严格的规定，37% 的阶段性付款都与之挂钩。首批的 127 辆"挑战者 -2"坦克将配备 CHARM 1 研制的弹药，而 CHARM 3 研制的弹药计划在通过"用户试验"（User Trial）后的 1996 年装备。英国预计还会陆续采购"挑战者 -2"，共计 200 辆。

1991 年，22 辆"挑战者"坦克训练车被投入使用，照片中的这辆为其中的第一辆。作为"挑战者 –2"采购计划的一部分，英国又向维克斯防务系统公司订购了 22 辆这款训练车并将其称为"驾驶员训练车"。其中的第一辆于 1993 年 8 月 10 日交付。这款训练车和原版坦克几乎一样重，二者的车体、动力装置和行走机构也一模一样。训练中，教练员能够模拟出各种车辆故障来测试学员的能力。

"挑战者-2"坦克受到的考验与磨难

维克斯防务系统公司在拿到国家合同后，与国内外250多家厂商签订了分包和供应合同，以便进一步完善"挑战者-2"的设计并正式投产。与此同时，"挑战者-2"原型车的试验和开发继续在英国皇家装甲兵团的驻地——多塞特郡博文顿营的装甲车试验和开发所（Armoured Trials and Development Unit）进行。这些试验被分为"可靠性增长试验"（Reliability Growth Trial）和"用户试验"两种，由军方人员负责操作，维克斯防务系统公司技术人员提供支持。

照片中，"挑战者-2"坦克的第一台原型车在前，其后的三辆均为"挑战者"系列的车辆，从左至右分别是"挑战者"装甲救援车、"挑战者-1"主战坦克和"挑战者"训练坦克。尽管新老两代"挑战者"的外形非常相似，但"挑战者-2"本质上是一款全新的坦克。英国皇家装甲兵团还为"挑战者-2"坦克取了一个绰号——"Chally"（意即挑逗者）。（维克斯防务系统公司）

9台原型车均按生产顺序编号。V1号原型车（车牌号为06SP87）是一台通用型试验车，主要被用于环境方面的测试。维克斯防务系统公司后来从国防部将其购回，并将其作为"哥本哈根项目"（Project Copenhagen）的基础车型，而该项目旨在为阿曼生产经过改进的"挑战者-2"坦克。V2号（车牌号为06SP88）、V3号（车牌号为06SP89）和V4号（车牌号为06SP90）原型车都被用作可靠性增长试验的验证车辆，并且完成了大部分的行驶里程试验。V5号（车牌号为06SP91）和V8号（车牌号为06SP94）原型车均被用于"用户试验"。V6号（车牌号为06SP92）和V7号（车牌号为06SP93）原型车被用于射击试验和武器系统验证。

按照最新生产标准建造的V9号原型车（车牌号为06SP95）为销售示范车，常在军事装备展览会上展出。"埃克斯茅斯项目"（Project Exmouth）也以该原型车为基础，将其改装为出口版的"挑战者-2E"坦克。V9号原型车安装了2号生产型炮塔，之后又额外为其生产了1座炮塔。另外还有2座炮塔，1座是用于武器系统测试的TA1号炮塔，1座是用于测试装甲防护性能的TA2号炮塔。

1993年9月至1994年2月，V5号和V8号原型车进行了"用户试验"。这些试验的目的在于确认由英国皇家装甲兵团军人操纵的"挑战者-2"坦克能否完全满足SR（L）4026号文件的要求，同时也是为了使后勤支援单位（如英国皇家电子及机械工兵团）熟悉新型主战坦克，以便在其正式服役之前为相关演习、技术培训和出版物做好准备。

大部分测试都是在博文顿和拉尔沃思（Lulworth）进行的，二者分别承担的是行驶测试和射击测试。悬挂和操纵测试分别在朗克罗斯（Longcross）和赫恩（Hurn）两个测试场进行。低温测试在位于彻特西（Chertsey）的气候模拟设施内进行，之后的坦克乘员寒冷适应性测试在约克郡的卡特里克（Catterick）进行——"挑战者-2"坦克是英国第一款配备冷暖一体空调系统的坦克。战术评估在索尔兹伯里平原训练区（Salisbury Plain Training Area）进行，而训练阶段在沃科普训练区（Warcop Training Area）完成射击演习后结束。这些测试大多采用了"战场日"（Battlefield Days）测试系统，而同步进行的可靠性增长试验也采用了这一系统。

在位于多塞特郡拉尔沃思的英国皇家装甲兵射击训练学校的拜登射击场上，隆隆行驶的 V6 号原型车正在进行射击训练。"挑战者 –2" 坦克配备的复杂火控系统由 M1A1 "艾布拉姆斯" 坦克的火控系统改进而来。这使得坦克移动时也能在 2 千米的射程范围内实现精确射击。

照片中，这辆 V7 号原型车清晰地展示了坦克的主武器——120 毫米 55 倍口径 L30A1 线膛炮。位于炮管上方的是热成像仪的保护外壳。相较于 "挑战者 –1" 坦克，该原型车的热成像仪有所改进，不仅能为车长和炮手提供出色的夜视能力，还无惧恶劣的天气和战场的硝烟。

1992 年，在中东举行的一场大型展销会上，快速行驶的 V9 号原型车和这辆"挑战者"装甲救援车扬起了滚滚尘土。为了夺得科威特陆军坦克采购项目，V9 号原型车在这里与 M1"艾布拉姆斯"坦克一决高下。与后者相比，"挑战者 –2"坦克因仍处于早期开发阶段而未能夺标。在阿布扎比、沙特阿拉伯和阿曼经过进一步试验之后，阿曼皇家陆军于 1993 年夏向英国订购了 18 辆改进型"挑战者 –2"坦克、4 辆"挑战者"装甲救援车和 2 辆驾驶员训练车。1997 年 11 月，该国又订购了 20 辆"挑战者 –2"坦克，这些坦克于 2000 年全部交付。

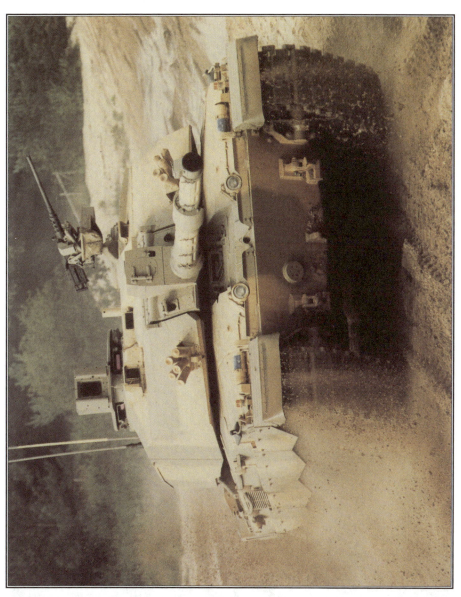

"挑战者 -2E"坦克由"埃克斯茅斯项目"的基础车型——V9 号原型车（车牌号为 06SP95）改装而来，但由于篇幅限制，无法对其进行全面介绍。可以说，这款坦克的很多方面都得到极大加强。其中，最重要的是配备了 MTU 公司和伦克联合开发的 1500 马力的"欧洲动力包"，以及炮手和车长通用热成像主瞄准仪。这使得"挑战者 -2E"比标准型号至少领先了半个世代。维克斯防务系统公司后从英国国防部买下了 V9 号原型车，并将其作为出口版的基础。维克斯防务系统公司后来改为"阿尔维斯·维克斯"（Alvis Vickers）有限公司，现已被英国 BAE 系统公司收购。"挑战者 -2E"坦克结合了德国的动力系统、法国的瞄准设备、北美的火控系统和英国的装甲防护等世界各国的强项，性能十分强劲。

可靠性增长试验

在进行了共 285 个"战场日"的测试之后，3 台原型车于 1994 年完成可靠性增长试验。一个"战场日"测试的内容包括公路行驶 27 千米；越野行驶 33 千米；火炮射击 34 发炮弹，7.62 毫米口径机枪射击 1000 发子弹，武器系统运行 16 小时；主发动机怠速运转 10 小时，以不同转速运转 3.5 小时。在整个研发过程中，所有"挑战者 -2"原型车都行驶了 20400 千米（包括公路行驶和越野的里程），都发射了 11600 发 120 毫米弹药。1994 年 5 月 16 日，英军正式接收"挑战者 -2"坦克。但即便到了此时，英国国内对于"挑战者 -2"坦克的采购数量和"'酋长''挑战者'改进项目"的具体实施仍争论不休。结果，官方终止了"'酋长''挑战者'改进项目"，转而决定采购 426 辆"挑战者 -2"坦克，以替代老旧的"酋长"和"挑战者 -1"坦克。由于财政的限制，最终采购的数量为 386 辆，比原计划减少了 40 辆。

尽管战斗全重达 65 吨，但"挑战者 –2"坦克在战场上却有着令人赞叹的机动性。该型坦克的动力装置为珀金斯公司产的 12 缸 CV12TCA 涡轮增压 No.3 Mk.6A 型柴油发动机。当发动机的转速达到 2300 转 / 分时，其输出功率达 1200 马力（895kW）。该型坦克的传动装置采用的是大卫·布朗防务设备有限公司生产的 TN54 变速箱。

"挑战者 -2" 坦克的设计采用了隐形技术来减弱雷达信号和减少热特征。炮塔前侧安装的烟幕发生器可立即产生烟幕以掩护坦克。照片展示的是该型坦克的发动机烟幕发生器产生的烟幕。装填手武器站的 D 形支架搭载了 7.62 毫米口径 L37A2 机枪，这一配置曾被用于早期生产的"挑战者 -2"坦克。由于实战表现欠佳，这种支架不受欢迎，并且在后来的基本水平检查和修理（Base-Level Inspection and Repair）中被更简单的支架替代。

1994 年 8 月 1 日，第一辆量产型的"挑战者 -2"坦克完工。然而，英国国防部对量产型的要求丝毫不低于对原型车的要求，并对 1994 年 9 月交付的前 6 辆坦克中的 3 辆进行了"首产检验"（First off Production Trial）。结果显示，第一批量产的"挑战者 -2"坦克在质量和可靠性方面都未能达到原型车的标准。因此，这批坦克未被国防部接收，并暂时被收入库存以进行完善，直到达标为止。这导致"挑战者 -2"坦克原定的服役时间不可避免地被推迟。原计划将成为第一支接收该型坦克的部队——苏格兰皇家龙骑兵团也倍感失望。毕竟，许多部队在引进新装备时习惯将其立即投入实际使用，以便尽早解决使用时出现的各种问题。但英国国防部对于"挑战者 -2"坦克的态度毫不动摇，要求维克斯防务系统公司必须严格遵照合同条款，保证交付坦克的质量和可靠性。为了最终解决这些问题并将所有库存坦克进行改装，国防部进行了一系列生产可靠性增长试验（Production Reliability Growth Trial），并逐级提高了可靠性应达到的目标。其中，1 号试验于 1997 年 11 月完成，2 号、3 号和 4 号试验计划分别于 1998 年的 3 月、6 月和 10 月进行。由于生产线上的坦克在前三场试验中表现出的可靠性都达到预期目标，最后一场试验便没再进行。即便如此，英国国防部仍要求"挑战者 -2"坦克进入装甲中队进行"在役可靠性演示"（In-Service Reliability Demonstration），以便对坦克的整体性能进行最终验证。

"挑战者 -2"坦克的装备团队

"挑战者 -2"坦克的装备团队在坦克采购过程中自始至终都起着至关重要的作用。装备团队的职责是确保坦克从卸货到部署的顺利进行。1995 年 10 月至 1998 年 1 月，利兹和纽卡斯尔两地装配线上的坦克进行生产可靠性增长试验期间，装备团队暂时停止工作。1998 年 1 月，"挑战者 -2"坦克开始交付，并以 38 辆为一个批次进行了出厂测试，因为这个数量对应的是当时一个坦克团的建制。装备团队在两年半的时间里对 10 批共 386 辆"挑战者 -2"坦克进行了测试。

装备团队主要由来自皇家装甲兵团的一名少校和几名经验丰富的教官，以及来自皇家电子及机械工兵团的一名中士和几名技术人员组成。此外，接收坦克的部队也会指派代表参与其中。这些代表负责将坦克交给装备团队，在装甲车试验和开发所的监督指导下协助各种测试，还要在坦克交付国内外时全程陪同。每个批次的每辆坦克都必须接受严格、细微、全面的检查，不论是火控系统软件出现故障，还是车辆配置文档不准确，甚至涂料撒到润滑脂套头上都会被一五一十地记录下来。每辆坦克都会在往返于拉尔沃思射击场的公路上进行测试，还会在该射击场进行火炮效能测试和瞄准系统的校零工作。在 386 辆"挑战者 -2"坦克和 22 辆驾驶员训练车上，总共有 22000 多个问题被发现出来。专家小组一一审查了这些问题，并在征得装备团队和维克斯防务系统公司现场团队的一致同意后进行了完善。除了上述这些检查和测试，在每个批次的 38 辆坦克中，有 4 辆会被送往装甲车试验和开发所进行为期 3 个"战场日"的"可靠性批次测试"（Reliability Batch Test）。该测试的结果将决定整个批次 38 辆坦克的命运——最终能否被接收。经过如此严格的检验，没有任何一支部队接收

"挑战者-2"坦克拥有十分强大的火力。1996年，这辆"挑战者-2"坦克（车牌号为62KK25）在短短26秒的时间内就摧毁了6个独立目标，这比装备自动装弹机的坦克的效率更高。其火炮弹药采用三体式设计，而且所有的爆炸元件都存放在炮塔环以下的区域，从而提高了乘员的生存能力。

"挑战者-2"坦克每侧有6个完全独立的负重轮。这些负重轮通过液气弹簧实现相互独立。每个负重轮的动行程达450毫米,可使坦克在行驶时极其平稳。这既能为坦克乘员提供更高的舒适性,也可使移动射击更加稳定。值得特别注意的是,驾驶员能够通过舱内的液压式履带张紧装置(Hydraulic Track Tensioner)轻松调整两侧履带的张紧度。这在过去可是需要乘员下车用大号扳手手动操作的脏累活。履带张紧度不仅关系到坦克的越野性能和行驶稳定性,还决定了履带的磨损度和维护保养的工作量。"挑战者-2"坦克在公路上行驶时最高速度为59千米/小时,最大行程为450千米;在越野时最高速度为40千米/小时,最大行程为250千米。这张照片拍摄于1999年10月在波兰举行的"乌兰鹰"(Ulan Eagle)演习期间,这辆经过适当伪装的"挑战者-2"坦克隶属第1骑兵团的B中队。(西蒙·邓斯坦)

到一辆存在重大故障的坦克。即便坦克存在一些小故障（极少出现），装备团队也会在交付前通知接收坦克的部队，而维克斯防务系统公司的技术员会在零件到达后的一两天内完成修复。

2003 年 9 月，在南威尔士卡斯尔马丁训练场上，隶属英国第 1 皇家坦克团 A 中队第 4 排的一辆"挑战者 -2"坦克正在演练行进间射击。射击产生了大量尘埃云并释放了 24 兆焦耳的声能。英国第 1 皇家坦克团 A 中队的前身为 1916 年成立的重机枪部队。一支标准的装甲中队一般装备 14 辆坦克，但该中队装备了 15 辆"挑战者 -2"坦克，多出的那辆呼号为"0D"（Zero Delta），归在中队指挥部麾下。该团的其余部队隶属联合核生化防护团（Joint NBC Regiment）。

1998 年 1 月下旬，第一批量产型"挑战者 -2"坦克的前 8 辆被交付给当时驻守在德国法林博斯特尔（Fallingbostel）的苏格兰皇家龙骑兵团。该批次的最后 1 辆在 1998 年 6 月 30 日举行的交付仪式上完成交付。"挑战者 -2"项目中的一些主要人物出席了该仪式，其中就有军械局局长罗伯特·海曼 - 乔伊斯（Robert Hayman-Joyce）中将，他一直都是该项目的坚定倡导者。在该项目的验收环节中，最后也是最困难的测试是"在役可靠性演示"。1998 年 8 月至 12 月，在博文顿的装甲车试验和开发所以及卢尔沃思火炮学校，苏格兰皇家龙骑兵团 B 中队对

12 辆"挑战者 -2"坦克进行了"在役可靠性演示"测试。参加测试的坦克经过 84 个"战场日"的考验，行驶里程达 5040 千米，用 120 毫米火炮发射了 2850 发炮弹，用 7.62 毫米口径机枪射出 84000 发子弹。测试结果无疑是成功的，所有性能和可靠性都超出设定目标。

1998 年年底至 1999 年年初，英国第 2 皇家坦克团开始装备"挑战者 -2"坦克，并成为第二支装备这款坦克的部队。2002 年 4 月 17 日，386 辆"挑战者 -2"坦克中的最后 1 辆在索尔兹伯里平原举行的仪式上完成交付。这辆坦克被交付给第 1 皇家坦克团 A 中队，而这支中队的前身为 1916 年 9 月 15 日将坦克首次投入实战的"重机枪部队 A 连"。英国有史以来第一次拥有了自主研发的且经过可靠性验证的主战坦克。"挑战者 -2"坦克在正式服役后不久就迎来了正式作战。

"挑战者 -2"坦克的作战部署

　　2000 年，"挑战者 -2"坦克首次投入实战。当时，北约在科索沃省对阿尔巴尼亚和塞尔维亚之间的民族争端进行了军事干预。苏格兰皇家龙骑兵团 B 中队作为驻科索沃部队（Kosovo Force）的一部分，在执行第三次"阿格里科拉行动"（Operation Agricola）时派出了"挑战者 -2"坦克，而其他中队为步战部队。在作战区域（Area of Operation）内已知会爆发冲突的位置，比如从普里什蒂纳（Pristina）到塞尔维亚的主要路线上的 3 号检查站，这些坦克会配合中部多国旅（Multi-National Brigade）执行道路巡逻和车辆检查等任务，以威慑交战各方。此外，在多国旅负责的作战区域内，这些坦克还执行了"苏格兰人行动"（Operation Scotsman）——这一为期 6 个月的、每次距离长达 250 千米的公路行军也是一种有形的武力展示。在"挑战者 -2"坦克首次进行作战部署期间，科索沃各方势力都不敢轻易招惹"挑战者 -2"坦克。

"快剑 2"演习

　　鉴于中东地区动荡的局势，英国政府决定于 2001 年 9 月至 11 月与阿曼苏丹武装部队联合举行代号为"快剑 2"（Saif Sareea Ⅱ）的大型军事演习，以测试联合快速反应部队（Joint Rapid Reaction Force）在中等规模联合兵种作战场景中的表现。在此次演习中，英军远赴千里之外的茫茫大漠，完成了军事部署和后勤支援的演练，涉及官兵约 22500 名、拖车等各类车辆 6500 辆、各类飞机93 架以及海军舰艇 21 艘，耗资约 9000 万英镑。装甲战斗车辆出动了 547 辆，其中的 66 辆是"挑战者 -2"坦克。

　　演习的第一部分是在阿曼中南部条件恶劣的沙漠无人区中进行的。阿曼皇家陆军很少在这一地区进行演习，尽管其许多装备（比如从英国购买的"挑战者 -2"坦克）为了适应沙漠条件都经过专门的改装。因此，这部分的演习只有英军参与。策划演习的英国高层们意识到在这样恶劣的气候和地形条件下作战困难重重，但因成本限制而无法对其装备进行适应性改装。不过，英国皇家装甲兵总监建议在参加像"快剑 2"这样的大型军事演习时，所有的"挑战者 -2"坦克都应在车体正面和侧面安装"多切斯特 2 级"（Dorchester 2）装甲套件，以尽可能模拟真实的战斗状态。这一建议是基于海湾战争的经验。当时，安装在坦克车体侧面的"乔巴姆"（Chobham）装甲减少了坦克在沙漠中行驶时扬起的尘土，减轻了尘土被吸入发动机后造成的损坏。实际上，在1991年2月的"沙漠军刀行动"中，天气条件更加恶劣，风沙更加猛烈，坦克并未受到太大影响。然而，每辆"挑战者-2"坦克在装甲套件的运输和安装，以及其他沙漠改装方面会产生34.3万英镑的成本。要改装66辆坦克，那改装的成本就会超过2000万英镑，这也会使演习的总成本增加20%。由于"快剑2"演习主要是为了测试皇家海军陆战队第3突击旅在联合快速反应部队调配下的表现，那么按照原有的预算，英军是不可能对其"挑战者-2"坦克进行沙漠改装的。不过，如果演习期间需要进行作战部署，英军还是会为"挑战者-2"坦克安装上述装甲套件的。[3]

装备"挑战者-2"坦克的部队主要有皇家龙骑兵团下属的四个装甲中队、指挥部部队和女王皇家枪骑兵团。皇家龙骑兵团虽然刚装备"挑战者-2"坦克，但已在波兰和加拿大阿尔伯塔省的萨菲尔德英国陆军训练场（BATUS）相当成功地完成了演习。在部队适应了阿曼54摄氏度的高温后，"挑战者-2"坦克很快就在恶劣的气候环境下接受了考验。遇到的最严重的问题当数履带扬起的细沙很容易堵塞空气滤清器。这不仅影响了发动机的输出功率，还大幅缩减了空气滤清器的使用寿命。空气滤清器的使用寿命在西北欧可长达12个月，但在阿曼就锐减至几天，在最极端的条件下甚至只有几小时。演习期间，66辆坦克平均每天要消耗46个空气滤清器，而一个空气滤清器的成本就要1000英镑。此外，阿曼遍地的沙砾也会严重磨损坦克的履带和负重轮。因此，为演习供应的空气滤清器和用于替换的履带块很快就被消耗殆尽。到"沙漠犀牛演习"（Exercise Desert Rhino）的最后一天，A中队和D中队都只能用各自的两辆坦克去攻击最终目标。四个中队都被迫减少一支部队，而女王皇家枪骑兵团还被遣返回国以减轻供应压力。英军这才意识到为何阿曼皇家陆军不愿在本国的中南部地区演习。

但事已至此，为保障演习的顺利完成，英军不仅得想尽办法从各种渠道抽调空气滤清器，还要占用宝贵的空运资源来运输一堆重达55吨的备件。由于空运资源减少，"B"车队的运载卡车以及各式飞行器的备件供应受到影响。除坦

"挑战者-2"坦克安装了先进的"多切斯特"装甲套件。最初的"挑战者-1"坦克使用的"乔巴姆"装甲得名于其研发机构所在的小镇。"多切斯特"装甲同样得名于多塞特郡博文顿皇家装甲兵驻地附近的一个集镇。"多切斯特"装甲的细节至今保密,无从猜测。"多切斯特1级"为基础配置的装甲,装甲的等级因配置差异而不同。在对抗动能和化学能武器方面,"多切斯特"装甲的防护性能在当代可谓无与伦比。在吸取海湾战争的经验后,为应对 RPG 火箭筒等步兵反坦克武器带来的威胁,英国又在坦克首尾加装了格栅装甲,还加强了炮塔两侧的装甲防护。这一装甲配置就被称为"多切斯特 2F 级"。(西蒙·邓斯坦)

克外，诸如 AS-90 自行榴弹炮和"山猫"（Lynx）直升机等装备的使用也受到恶劣条件的影响。就拿"山猫"直升机来说，其主旋翼叶片在阿曼的平均使用寿命仅 27 小时，而在欧洲为 500 小时。后来，大部分坦克转战阿曼北部地区，与 1.28 万名阿曼皇家陆军进行了另一场大型联合演习。这场演习节奏较缓，气候环境条件也不那么恶劣。在最后的实弹射击和火力展示环节中，英国和阿曼共动用了 42 辆"挑战者 -2"坦克。其中，皇家龙骑兵团的 C 中队在三天的时间内共发射 400 发穿甲弹和 300 发碎甲弹。但此时，英国媒体已对"挑战者 -2"坦克的性能进行了负面报道，这导致议会对此展开了调查。[4] 平心而论，坦克本身并无问题。根本问题在于备件不足，而后勤链中的资产跟踪系统缺失又加重了这一问题。具体来说就是，可调用的备件是有的，但在需要紧急使用时却无法第一时间得知其具体位置信息。这一问题在 2003 年的"特里克行动"（Operation Telic）期间再次困扰了英军。

这张经典的照片清晰地展示了 2001 年 9 月至 10 月英国和阿曼联合举行的"快剑 2"演习期间，英国皇家龙骑兵团的"挑战者 -2"坦克遭遇的问题，即遍地的砾石不断地磨损着履带块和负重轮。在行驶 15 千米后，一辆坦克的履带所用的 320 块履带块就会全部损坏。由于当地的沙土非常细，空气滤清器的消耗速度也很惊人。

"快剑2"演习后，装甲车试验和开发所对"挑战者-2"坦克进行了各种防尘改进。2002年9月，经过改进的"挑战者-2"坦克在加拿大阿尔伯塔省的萨菲尔德英国陆军训练场接受了全面试验。试验由第2皇家坦克团C中队在"铁砧演习"（Exercise Iron Anvil）期间负责开展。这些坦克采用了"多切斯特2级"装甲配置，其厚胶裙板保护着悬挂系统并与前板相连，这一点颇似同时代的俄罗斯主战坦克。可以看到，这辆隶属第9排、呼号为"11"的坦克正在草原上疾驰。该坦克安装了战术战斗模拟设备，还改进了防尘裙板。

由于英美两国曾在恶劣环境中成功执行过旅级以上规模的远征任务，而其他国家的主战坦克，如意大利的"公羊"（Ariete）、法国的"勒克莱尔"和德国的"豹2"都没有执行过类似任务，因此无法判断它们在极端环境下的表现。"快剑2"演习模拟的是极端环境下的作战，远非秋天在欧洲林堡（Limbourg）或卑尔根-霍恩举行的为期三天的演习可比。就算处于上述恶劣环境中，只要备件充足，"挑战者-2"坦克的总体表现会相当出色，除了履带方面有些吃紧。针对这一点的解决方案在不久后就被制订出来。此外，细沙堵塞空气滤清器的问题也得到解决。如此一来，"挑战者-2"坦克就完全具备了在沙漠环境中作战的能力。2002年1月，第4装甲旅在克服重重困难后达到"集体绩效训练标准"（Collective Performance Training Standard），并进入了装甲任务待命状态。

这辆"挑战者-2"坦克进行了沙漠改装——在侧面装甲、前后板上加装了防尘裙板。另外，通气口处安装的排热罩能将坦克运行时产生的热量向后方排出，从而减少了坦克的红外特征。其他经过改装的装置还包括空气滤清系统和回转接触装置。车体采用了沙漠色涂装和旧式伪装网。

一辆"挑战者-2"坦克。值得注意的是其装填手舱门后方的 GPS 天线，以及炮塔顶部的内置蓝军追踪器的白色盒子。

2005年，这辆"挑战者-2"坦克在左前方的烟幕弹发射器上焊接了一根金属杆，以便在坦克行驶时切断横跨道路的电线，从而保护车组乘员的安全。

这辆"泰坦"（Titan）装甲架桥车由"挑战者-2"坦克底盘改装而来。"泰坦"可为三名车组乘员提供装甲防护，能够携带 26 米长的 10 号坦克桥并在两分钟的时间内完成架设，从而连通 24.5 米宽的沟壑或河道。照片中，该车携带的是 13.5 米长的 12 号坦克桥，仅需 90 秒即可完成架设。桥的撤收可通过桥梁的任意一端进行，以使战术灵活性最大化。与"特洛伊"（Trojan）装甲工程车一样，"泰坦"能够加装通用推土机套件或履带宽排雷犁。（西蒙·邓斯坦）

为替代久负盛名的皇家"酋长"装甲工程车和"酋长"装甲架桥车，"工程坦克系统"（Engineer Tank Systems）项目基于"挑战者-2"坦克底盘开发出了几款装甲工程车。这几款车辆在机动性和防护能力方面皆可与原型坦克相媲美。其中，被称为"特洛伊"的装甲工程车是一款结构复杂的清障工程车。该车装备的高性能通用推土铲套件每小时可挖掘 25 米长的反坦克壕沟，还可在几分钟内挖出一个坦克掩蔽坑。该车还能安装全宽式排雷犁，以代替推土铲。排雷时，排雷犁会与"蟒蛇"（Python）爆炸式排雷软管配合使用。为此，"特洛伊"装甲工程车比原型坦克具有更强的防地雷能力。（西蒙·邓斯坦）

一辆"泰坦"装甲架桥车。这种车和"特洛伊"装甲工程车都配备了最新版本的"挑战者-2"坦克的动力包。该动力包包含了 12 缸 CV12TCA 涡轮增压 No.3 Mk.8A 型柴油发动机和 TN54E 变速箱。这不仅提升了车辆的性能，还减少了油耗。这两款车还配备了新的双销履带和穿孔式负重轮。（西蒙·邓斯坦）

除了配备推土铲，"特洛伊"装甲工程车还配备了液压动力"卡特彼勒"（Caterpillar）319 型挖掘机，用于清障和挖掘作业。该车配备 3 名车组乘员、1 座全方位遥控武器站和内置的热成像观察设备。此外，该车还装有数量众多的摄像头或间接观测系统，以便乘员在密闭的舱室中通过各自的显示屏监控车辆的运行情况。该车的后板备有一捆中型管状工具，用于填充反坦克壕沟和小溪。这种工具需要用挖掘机进行铺装和回收。（西蒙·邓斯坦）

彩图介绍

1999 年 10 月，在波兰举行的"乌兰鹰"演习期间，"挑战者 -2"指挥坦克，隶属苏格兰皇家龙骑兵团指挥部

这辆"挑战者 -2"指挥坦克，呼号为"11B"，车长为第 7 装甲旅旅长安德鲁·菲利普斯中校。该坦克采用英军标准迷彩，即深绿色底色搭配黑条纹。为突显这支部队的前身——第 6 龙骑兵团"卡宾尼尔"（Carbiniers）与苏格兰皇家"格雷"（Greys）骑兵团的特点，包括坦克呼号在内的所有战术标识都被涂成灰色。炮塔两侧的灰色"跃狮"图案表明它是旅长的座驾，无线电天线处也飘扬着"跃狮"旗。这种指挥坦克配备额外的高频无线电台和天线，但在作战时为迷惑敌人且不暴露指挥坦克，英军所有"挑战者 -2"坦克都配备三条天线。炮塔前方两侧各有一个"圣安德鲁十字"。这一图案彰显了该团的血统和历史渊源。该坦克的首尾都挂有车牌，车牌号为 66KK82。车尾拖车杠上方的中央有一个黑白条纹的发光方块，这是车队间隔标识，能够提示后方坦克在夜间保持安全行驶距离。

2000 年 5 月，科索沃，"挑战者 -2"坦克，隶属苏格兰皇家龙骑兵团 B 中队

苏格兰皇家龙骑兵团 B 中队是第一个装备"挑战者 -2"坦克的部队。图中，这辆"挑战者 -2"坦克在两侧和车首都外挂了装甲。其中，两侧的是被动装甲阵列，车首的是爆炸反应装甲。这一装甲配置也被称为"多切斯特 2 级"装甲套件。该坦克的车牌被竖着安装在车尾上方靠右的位置，车牌的左侧印有小号的国旗图案，车牌号为 62KK80。该坦克的车长为安迪·波特（Andy Potter）下士。炮塔两侧靠后的位置和炮塔后方的右边都喷涂了坦克的呼号——"11"。所有战术标识均为灰色，炮塔两侧也印有"圣安德鲁十字"图案。炮塔和主炮都覆盖了伪装网。图中展示的是"挑战者 -2"坦克在科索沃进行道路巡逻时配备的标准配置。

CRUSADER

2003 年，"挑战者 -2" 坦克，隶属第 2 皇家坦克团 B 中队

图中这辆隶属第 2 皇家坦克团 B 中队第 7 排的坦克整体采用了沙漠黄涂装，还喷涂了黑色的战术标识，比如其车体侧面、炮塔侧面和炮塔右后侧的长方形框内都喷涂了坦克的呼号——"31"。包围呼号的方框表示中队为所属团的第二中队，比如图中坦克所属的 B 中队为第 2 皇家坦克团的第二中队。炮管抽烟装置上的三道白环表示该坦克隶属的第 7 排是中队里的第三个排，这在车尾下方的车队间隔标识和夜间补给车辆识别标记上也有所体现。尖头朝左的黑色"V"字是联军共用的识别标识，位于炮塔侧面、炮塔后部靠左的位置以及侧板上。坦克的代号被绘制在两侧的前板上。该坦克的车牌安装在车尾上方靠右的位置，上面印有小号的国旗图案，车牌号为 DS35AA。代表第 7 装甲旅的红色"沙漠跳鼠"图案被绘制在热成像系统上，位于其正下方的是 B 中队的队徽，该队徽还被印在炮塔后部的左侧。

这一时期，"挑战者 -2"坦克在炮塔的右前方和左前方都安装了敌我识别板。炮塔的侧后方虽然钻好了安装热识别板的孔位，但因热识别板供应不足而没有安装，比如这辆坦克就未安装。不过，热识别板被装上后，炮塔后面的呼号就被遮挡了，于是黑色"V"字和队徽之间的位置被喷涂上了呼号。由于坦克的内部空间不足，车组乘员的个人物品只能挂在无线电台的天线处，但很容易在战斗中受损。

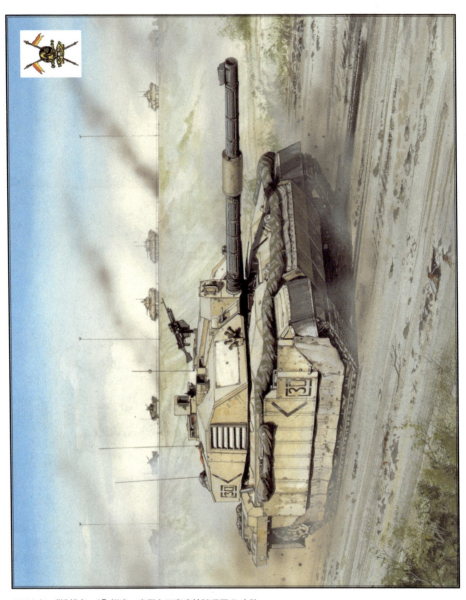

2003 年，"挑战者 -2" 坦克，隶属女王皇家枪骑兵团 B 中队

这辆坦克隶属女王皇家枪骑兵团 B 中队第 3 排。该坦克的呼号为 "30"，被喷涂在两侧侧板上和炮塔的两侧。炮塔后侧的中央有一块可拆卸的黑板，上面也印有黄色的呼号，呼号周围绘有代表 B 中队的黄色方形。从图中可以看到，坦克的左后侧有一根插着一颗网球的无线电台天线。这是女王皇家枪骑兵团坦克独有的标识，表示该坦克为排长的座驾。女王皇家枪骑兵团的团徽（交叉的枪旗图案）被绘制在炮塔左侧的热识别板后面和左侧侧板的黑色 "V" 字前。炮塔前部两侧均装有敌我识别板，炮塔后侧安装了两块热识别板。炮塔顶部装有一块橙色的空中识别板。

2003 年,"挑战者"装甲救援车,隶属配属苏格兰皇家龙骑兵团 C 中队的皇家电子及机械工兵团轻型辅助分队
这辆呼号为"24C"的装甲救援车整体被涂为沙黄色,配有防尘裙板。炮塔两侧的呼号和排气口上方的"圣安德鲁十字"图案被分别绘制在一个圆圈内,而圆圈表示的是该车隶属苏格兰皇家龙骑兵团 C 中队。此外,该车两侧各有一个作为识别标志的、尖头指向车首的黑色"V"字。车的首尾处均安装了车牌。绑在液压吊臂固定支撑架上的是一个橙色的空中识别板,顶端还绘有一个荧光橙的矩形安全标识。

2003 年 4 月，"挑战者 –2"坦克，隶属苏格兰皇家龙骑兵团 B 中队

这辆呼号为"21"的坦克配备全套敌我识别板和热识别板，还安装了"多切斯特 2E 级"装甲、排热罩和防尘裙板。炮塔的两侧和后部以及侧板都喷涂了白色的呼号。火炮抽烟装置和车长指挥塔旁边的热识别标志上都有两道黑环，这表示该坦克隶属苏格兰皇家龙骑兵团 B 中队，而该标志也是该团特有的。该团的坦克使用不同形状的呼号外框来表示坦克隶属的中队：A 中队使用三角形，B 中队使用正方形，C 中队使用圆形，D 中队使用长方形。C 中队还在外框上方添加了额外的图形来表示坦克所属的排，比如圆形上方添加三角形就表示该坦克隶属第 1 排，圆形上方加一个圆形表示该坦克隶属第 3 排。夜间或能见度低时，这些图形能通过热观瞄系统观察到。另一个能代表 B 中队的标志是红色"变体人"队徽，被喷涂在侧板上且位于呼号旁。

2003 年 5 月，在加拿大阿尔伯塔省萨菲尔德英国陆军训练场举行的"巫医 1 号"演习期间，"挑战者 –2"坦克，隶属英国女王皇家轻骑兵团

这辆"挑战者 –2"坦克采用了加拿大阿尔伯塔省萨菲尔德英国陆军训练场通用的黄绿相间的迷彩。由于该坦克要在此进行高度逼真的实弹演习，首要的考虑因素便是安全。为此，炮塔的上方绘制了被称为"45s"的白色条纹。车长和炮手可通过观察这些白色条纹来判断实弹射击时的安全射弧。车长主瞄准仪的两侧也绘有红色和绿色的斑块，以便训练场的安全员始终能准确把握车长主瞄准仪的朝向。车长指挥塔的后方还设有一个安全装置。这是一个红色三角形金属装置，用于提示坦克武器系统已装载实弹并准备射击。该坦克的呼号——"12"被喷涂在炮塔的两侧和后部，以及侧裙板上。侧裙板上还标有"Zap 代码"。该车的车牌为 DP73AA。

2004 年 7 月 3 日，在美国南卡罗来纳州举行的"曙光女神"演习期间，"挑战者 -2"坦克，隶属英国第 1 皇家坦克团 A 中队

2004 年 7 月 3 日 7 时 45 分，第 1 皇家坦克团 A 中队第 1 排的"挑战者 -2"坦克通过"海神之子"（HMS Albion）号船坞登陆舰的通用登陆艇登上了美国海军陆战队的驻地——位于昂斯洛海滩的勒琼营，以参加英、法、荷、美四国军队举行的"曙光女神"（Exercise Aurora）联合演习。在此期间，A 中队的四辆"挑战者 -2"坦克为皇家海军陆战队第 42 突击队提供支援。这四辆坦克原本隶属女王皇家枪骑兵团，但在演习中按照皇家坦克团的标准进行了重新喷涂。该团 A 中队第 1 排是一个拥有四辆"挑战者 -2"的混成排。图中这辆为其中的第四辆，呼号为"13"，车长为威克斯（Weeks）中士。呼号被代表 A 中队的三角形边框包裹。由此组成的整个标识为黄色，并被喷涂于炮塔的两侧和后部，以及侧裙板上。在炮塔后部的中央、呼号的左侧绘有皇家坦克团的"无所畏惧"团徽。抽烟装置上的一道白环代表该坦克隶属第 1 排。该坦克的车牌号为 DR88AA。

2004 年 12 月，"挑战者 -2"坦克，隶属英国皇家龙骑兵团 A 中队

图中这辆坦克的呼号（"0B"）被喷涂在车尾的车队间隔标识上。其车牌位于车尾灯的右上方，车牌号为 DS21AA。英国皇家龙骑兵团 A 中队坦克的代号均以字母 A 开头，比如该坦克的为"AVE IT"（意为"拿下它"，被画在热成像系统基座的两侧）。"多切斯特 2F 级"装甲进一步加强了该坦克的生存能力。该坦克还配备了被英军称为"奶酪刀"的金属杆，以切断横跨道路的电线并保护车组乘员的安全。

注释

1. 作为一款全新设计的坦克，"挑战者 -2"坦克却继承了"挑战者 -1"的名号，这当中的缘由至今是谜。"挑战者 -1"坦克之名又取自二战末期的一款坦克歼击车。根据惯例，现任英国皇家装甲兵总监有权命名任何新式坦克。自二战以来，英国所有坦克的名字传统上都以字母"C"开头。为"挑战者 -2"起名之初，皇家装甲兵总监选择的是"海盗"（Corsair）。本部分作者（西蒙·邓斯坦）也曾建议皇家坦克团使用"冲锋者"（Charger）这一名字，却被告知这个名字可能更适合骑兵团，尽管后来被告知在第一次世界大战期间皇家坦克团的前身——英国陆军坦克部队（Tank Corps）第 3 营就为其最初装备的一辆坦克取了"冲锋者"的名字。英国国防部坚持认为，维克斯防务系统公司是为了市场营销才选择了"挑战者"这个名字。维克斯防务系统公司则认为，采用这一名字是国防部为了迷惑财政部而做出的带有政治目的的决定。当时，英国国防部内部流传一份带有恶意的简报，其中的一些命名建议甚至调侃了当时的政治人物。不管怎样，对与"挑战者"坦克并肩作战的士兵们来说，这些都没那么重要，他们都习惯称其为"Chally"。

2. 详情请参见西蒙·邓斯坦所著的《挑战者主战坦克（1982—1997 年）》（*Challenger Main Battle Tank 1982–97*, 鱼鹰社新先锋系列第 23 号，1998 年），第 16—33 页。

3. 在 1991 年海湾战争之后，英国当局决定进一步改进本国陆军所有的新型主战坦克，比如增设空调系统和额外的动力包冷却系统，以应对极端的沙漠作战环境。经过 1998 年的战略防御审查，英国当局认识到军事装备应具备"全球作战"的能力。因此，英国于 1999 年拨款约 46.4 万英镑，对 2 个中队的坦克（共 30 辆）进行了沙漠化改装。改装之一就是加装防尘裙板，而这又要采用新的密封结构和加长的履带护板。根据当时的估算，4 个兵团的"挑战者 -2"坦克进行这项改装将耗资 2300 万英镑。然而，这笔拨款迟迟未能兑现。2000 年 5 月，"装备能力客户"（Equipment Capability Customer）在重新评估"2001 年装备计划"后最终取消了这笔拨款。

4. 在"快剑 2"演习期间，环境之恶劣可以从各种装备的可用率反映出来。路虎车的可用率最高，为 93%；"挑战者 -2"坦克次之，为 60%；直升机为 55%；可拆卸式货架装卸车和战斗工程拖拉机最低，仅为 45%。